◎本書の構成

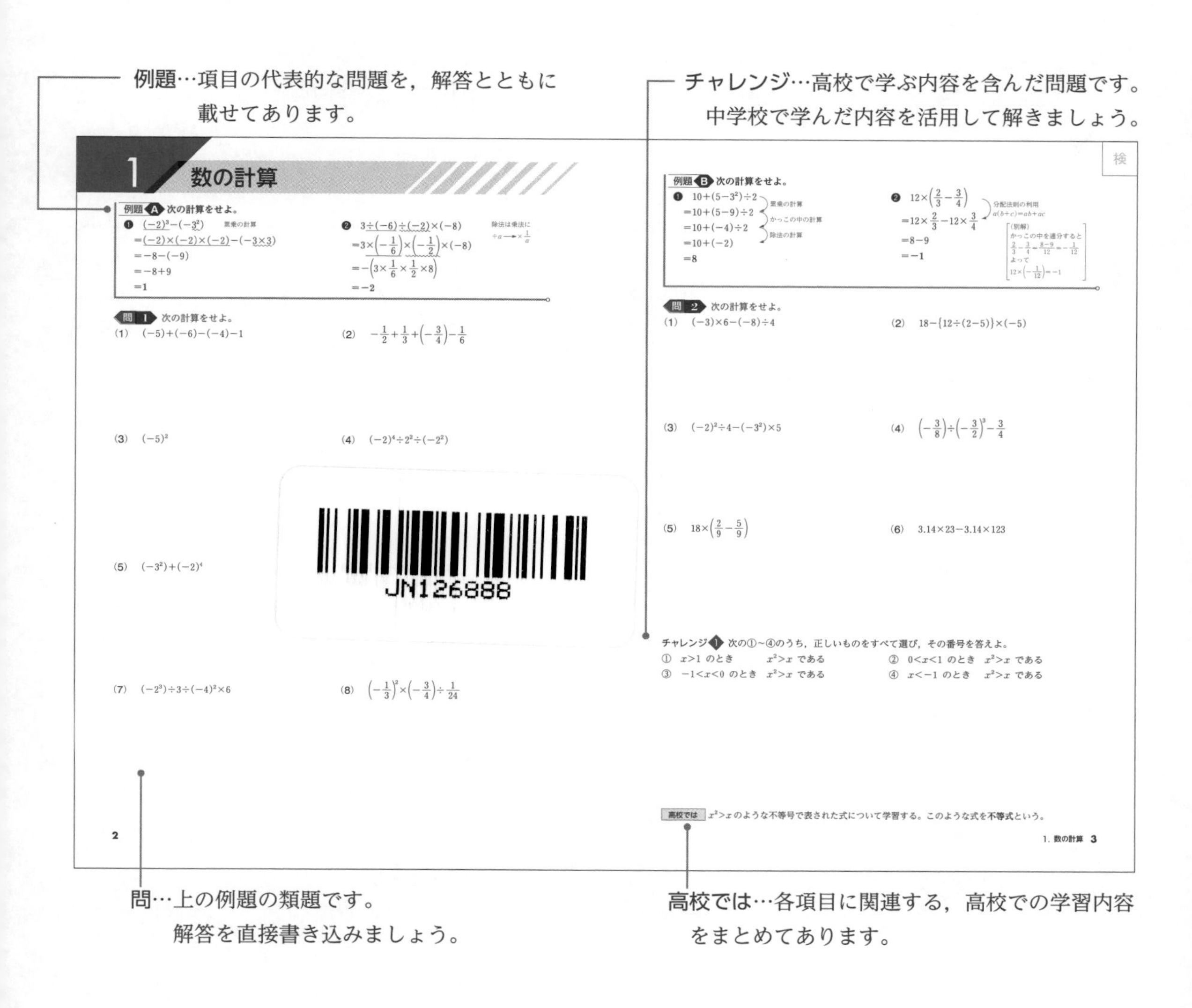
例題…項目の代表的な問題を，解答とともに載せてあります。
チャレンジ…高校で学ぶ内容を含んだ問題です。中学校で学んだ内容を活用して解きましょう。
問…上の例題の類題です。解答を直接書き込みましょう。
高校では…各項目に関連する，高校での学習内容をまとめてあります。

1 数の計算

例題A 次の計算をせよ。

❶ $(-2)^3-(-3^2)$　累乗の計算

$=(-2)\times(-2)\times(-2)-(-3\times3)$

$=-8-(-9)$

$=-8+9$

$=1$

❷ $3\div(-6)\div(-2)\times(-8)$　除法は乗法に $\div a \longrightarrow \times\frac{1}{a}$

$=3\times\left(-\frac{1}{6}\right)\times\left(-\frac{1}{2}\right)\times(-8)$

$=-\left(3\times\frac{1}{6}\times\frac{1}{2}\times8\right)$

$=-2$

問1 次の計算をせよ。

(1) $(-5)+(-6)-(-4)-1$

(2) $-\frac{1}{2}+\frac{1}{3}+\left(-\frac{3}{4}\right)-\frac{1}{6}$

(3) $(-5)^2$

(4) $(-2)^4\div2^2\div(-2^2)$

(5) $(-3^2)+(-2)^4$

(7) $(-2^3)\div3\div(-4)^2\times6$

(8) $\left(-\frac{1}{3}\right)^2\times\left(-\frac{3}{4}\right)\div\frac{1}{24}$

2

検

例題B 次の計算をせよ。

❶ $10+(5-3^2)\div2$

$=10+(5-9)\div2$　累乗の計算

$=10+(-4)\div2$　かっこの中の計算

$=10+(-2)$　除法の計算

$=8$

❷ $12\times\left(\frac{2}{3}-\frac{3}{4}\right)$　分配法則の利用 $a(b+c)=ab+ac$

$=12\times\frac{2}{3}-12\times\frac{3}{4}$

$=8-9$

$=-1$

（別解）かっこの中を通分すると $\frac{2}{3}-\frac{3}{4}=\frac{8-9}{12}=-\frac{1}{12}$ よって $12\times\left(-\frac{1}{12}\right)=-1$

問2 次の計算をせよ。

(1) $(-3)\times6-(-8)\div4$

(2) $18-\{12\div(2-5)\}\times(-5)$

(3) $(-2)^2\div4-(-3^2)\times5$

(4) $\left(-\frac{3}{8}\right)\div\left(-\frac{3}{2}\right)^3-\frac{3}{4}$

(5) $18\times\left(\frac{2}{9}-\frac{5}{9}\right)$

(6) $3.14\times23-3.14\times123$

チャレンジ1 次の①～④のうち，正しいものをすべて選び，その番号を答えよ。

① $x>1$ のとき　$x^2>x$ である

② $0<x<1$ のとき　$x^2>x$ である

③ $-1<x<0$ のとき　$x^2>x$ である

④ $x<-1$ のとき　$x^2>x$ である

高校では　$x^2>x$ のような不等号で表された式について学習する。このような式を不等式という。

1. 数の計算 3

もくじ

1 数の計算

例題 A 次の計算をせよ。

❶ $(-2)^3-(-3^2)$　　累乗の計算

$=(-2)\times(-2)\times(-2)-(-3\times3)$

$=-8-(-9)$

$=-8+9$

$=\mathbf{1}$

❷ $3\div(-6)\div(-2)\times(-8)$　　除法は乗法に $\div a \longrightarrow \times\frac{1}{a}$

$=3\times\left(-\frac{1}{6}\right)\times\left(-\frac{1}{2}\right)\times(-8)$

$=-\left(3\times\frac{1}{6}\times\frac{1}{2}\times8\right)$

$=\mathbf{-2}$

問 1 次の計算をせよ。

(1)　$(-5)+(-6)-(-4)-1$

(2)　$-\frac{1}{2}+\frac{1}{3}+\left(-\frac{3}{4}\right)-\frac{1}{6}$

(3)　$(-5)^2$

(4)　$(-2)^4\div2^2\div(-2^2)$

(5)　$(-3^2)+(-2)^4$

(6)　$(-8)\div12\times3\div(-2)$

(7)　$(-2^3)\div3\div(-4)^2\times6$

(8)　$\left(-\frac{1}{3}\right)^2\times\left(-\frac{3}{4}\right)\div\frac{1}{24}$

例題 B 次の計算をせよ。

❶ $10+(5-3^2)\div 2$
$=10+(5-9)\div 2$
$=10+(-4)\div 2$
$=10+(-2)$
$=8$

累乗の計算
かっこの中の計算
除法の計算

❷ $12\times\left(\dfrac{2}{3}-\dfrac{3}{4}\right)$
$=12\times\dfrac{2}{3}-12\times\dfrac{3}{4}$
$=8-9$
$=\mathbf{-1}$

分配法則の利用
$a(b+c)=ab+ac$

（別解）
かっこの中を通分すると
$\dfrac{2}{3}-\dfrac{3}{4}=\dfrac{8-9}{12}=-\dfrac{1}{12}$
よって
$12\times\left(-\dfrac{1}{12}\right)=-1$

問 2 次の計算をせよ。

(1) $(-3)\times 6-(-8)\div 4$

(2) $18-\{12\div(2-5)\}\times(-5)$

(3) $(-2)^2\div 4-(-3^2)\times 5$

(4) $\left(-\dfrac{3}{8}\right)\div\left(-\dfrac{3}{2}\right)^3-\dfrac{3}{4}$

(5) $18\times\left(\dfrac{2}{9}-\dfrac{5}{9}\right)$

(6) $3.14\times 23-3.14\times 123$

チャレンジ 1 次の①～④のうち，正しいものをすべて選び，その番号を答えよ。

① $x>1$ のとき　$x^2>x$ である

② $0<x<1$ のとき　$x^2>x$ である

③ $-1<x<0$ のとき　$x^2>x$ である

④ $x<-1$ のとき　$x^2>x$ である

高校では $x^2>x$ のような不等号で表された式について学習する。このような式を**不等式**という。

2 式の計算

例題 A 次の式の計算をせよ。

❶ $2(3x+1)-3(x-2)$ ← $-3(x-2)$ $=-3x+6$ 符号に注意

$=6x+2-3x+6$ 同類項の整理

$=\mathbf{3x+8}$

❷ $\dfrac{x-y}{2}-\dfrac{2x+y}{3}$

$=\dfrac{3(x-y)}{6}-\dfrac{2(2x+y)}{6}$ 通分する

$=\dfrac{3(x-y)-2(2x+y)}{6}$

$=\dfrac{3x-3y-4x-2y}{6}$

$=\dfrac{-x-5y}{6}=-\dfrac{\mathbf{x+5y}}{\mathbf{6}}$

問 3 次の式の計算をせよ。

(1) $2(2x-y)+3(x+2y)$

(2) $3(2x+y-3)-2(2x+3y+1)$

(3) $\dfrac{3}{4}(8a-12b)-\dfrac{2}{5}(10a+15b)$

(4) $x+y-\dfrac{x-2y}{3}$

(5) $\dfrac{3x+5y}{3}+\dfrac{x-2y}{2}$

(6) $\dfrac{3x-y-5}{2}-\dfrac{x-3y-1}{6}$

例題 B 次の式の計算をせよ。

❶ $6a^2b\div(-3ab)^2\times12ab^2$

$=6a^2b\div9a^2b^2\times12ab^2$ 　$(-3ab)^2=9a^2b^2$

$=6a^2b\times\dfrac{1}{9a^2b^2}\times12ab^2$ 　$\div9a^2b^2$ は $\times\dfrac{1}{9a^2b^2}$

$=\dfrac{6a^2b\times12ab^2}{9a^2b^2}$

$=\dfrac{6\times a\times a\times b\times12\times a\times b\times b}{9\times a\times a\times b\times b}$

$=\boldsymbol{8ab}$

❷ $(6x^2-2x)\div2x$ 　$6x^2\div2x$ は $\dfrac{6x^2}{2x}$

$=\dfrac{6x^2}{2x}-\dfrac{2x}{2x}$ 　$\dfrac{2x}{2x}=1$

$=\boldsymbol{3x-1}$

［(別解)
$(6x^2-2x)\times\dfrac{1}{2x}$
$=6x^2\times\dfrac{1}{2x}-2x\times\dfrac{1}{2x}$
$=3x-1$］

問 4 次の式の計算をせよ。

(1) $(-2x)\times(-3x)^2$

(2) $8x^3\div(-2x^2)$

(3) $6xy\div2x\times3y$

(4) $(-4a)^2\times(-3a)\div(-24a^2)$

(5) $6x\div(3x)^2\times x$

(6) $(12a^2-30a)\div6a$

チャレンジ 2 次の計算をせよ。

(1) $(6x^2-3x)\div\dfrac{3}{4}x$

(2) $\dfrac{3x^2-6x}{2x}$

高校では　分母に文字のある式の計算を学習する。このような式を**分数式**という。

3 式の展開

例題 A 次の式を展開せよ。

❶ $(x+3)(x+4)$

$=x^2+(3+4)x+3\times4$

$=\boldsymbol{x^2+7x+12}$

❷ $(x+3)(x-3)-(x-3)^2$

$=(x^2-3^2)-(x^2-2\times x\times3+3^2)$

$=(x^2-9)-(x^2-6x+9)$

$=x^2-9-x^2+6x-9$

$=\boldsymbol{6x-18}$

展開の公式	・$(a+b)^2=a^2+2ab+b^2$	・$(a-b)^2=a^2-2ab+b^2$
	・$(a+b)(a-b)=a^2-b^2$	・$(x+a)(x+b)=x^2+(a+b)x+ab$

問 5 次の式を展開せよ。

(1) $(x-4)(x-5)$

(2) $(x-2)(x+5)$

(3) $(x-3)(x+2)$

(4) $(x-2y)(x-5y)$

(5) $(3x+4)(3x-4)$

(6) $(5x+3y)(5x-3y)$

(7) $(x+5)^2$

(8) $(3x-2y)^2$

(9) $(2x+y)^2+(x-2y)^2$

(10) $(x-2)(x+8)-(x-4)(x+4)$

例題 B $(a+b+3)(a+b+4)$ **を展開せよ。**

解　$\underline{a+b}=A$ とおくと

$(\underline{a+b}+3)(\underline{a+b}+4)=(A+3)(A+4)$

$=A^2+7A+12$ …①

ここで，$A=\underline{a+b}$ に戻すと，①は

$(\underline{a+b})^2+7(\underline{a+b})+12$

$=\boldsymbol{a^2+2ab+b^2+7a+7b+12}$

問 6 次の式を展開せよ。

(1)　$(x+y+1)(x+y+2)$

(2)　$(x+y+3)(x+y-3)$

(3)　$(x+y+1)^2$

(4)　$(x-y+2)(x-y-2)$

チャレンジ 3 次の式を展開せよ。

$(a+b)(a^2-ab+b^2)$

アドバイス
分配法則をていねいに利用していく。

高校では　中学で学習した展開の公式のほかに，次のような **3 次の公式**も学習する。
$(a+b)^3=a^3+3a^2b+3ab^2+b^3$，$(a-b)^3=a^3-3a^2b+3ab^2-b^3$

4 因数分解

例題 A 次の式を因数分解せよ。

❶ $\underset{5xy\times x}{\underline{5x^2y}}-\underset{5xy\times 2y}{\underline{10xy^2}}=5xy(x-2y)$

❷ $\underset{(3x)^2}{\underline{9x^2}}-\underset{2\times 3x\times 1}{\underline{6x}}+\underset{1^2}{\underline{1}}=(3x-1)^2$

❸ $\underset{(2x)^2}{\underline{4x^2}}-\underset{5^2}{\underline{25}}=(2x+5)(2x-5)$

❹ $x^2+\underset{2+3}{\underline{5}}x+\underset{2\times 3}{\underline{6}}=(x+2)(x+3)$

因数分解の公式
・$ma+mb=m(a+b)$　・$a^2+2ab+b^2=(a+b)^2$　・$a^2-2ab+b^2=(a-b)^2$
・$a^2-b^2=(a+b)(a-b)$　・$x^2+(a+b)x+ab=(x+a)(x+b)$

問 7 次の式を因数分解せよ。

(1) $ax+a$

(2) $6a^2b-4ab^2+2ab$

(3) $x^2+8x+16$

(4) $4x^2-12x+9$

(5) $9x^2-16$

(6) $16x^2-y^2$

(7) $x^2+8x+15$

(8) $a^2-7a+10$

(9) x^2-2x-3

(10) $x^2+xy-6y^2$

例題 B 次の式を因数分解せよ。

❶ $2x^3-8x$

$=2x(x^2-4)$ （共通因数 $2x$ でくくる）

$=\mathbf{2x(x+2)(x-2)}$ （x^2-4 を因数分解する）

❷ $(a+b)^2-4(a+b)+4$

$a+b=X$ とおくと，与式は

X^2-4X+4

$=(X-2)^2$

$=\mathbf{(a+b-2)^2}$ （$X=a+b$ に戻す）

問 8 次の式を因数分解せよ。

(1) $3x^2+12x+12$

(2) $20x^2-5y^2$

(3) $ax^2-6ax-16a$

(4) $3ax^2-30ax+63a$

(5) $-4x^2+24xy-36y^2$

(6) $(a+b)^2+6(a+b)+9$

(7) $(x-y)^2-9$

(8) $(x+y)^2+8(x+y)+12$

チャレンジ 4 次の式を因数分解せよ。

(1) $a(x+y)-bx-by$

(2) $xy-y-3x+3$

アドバイス
共通因数がみつかるように，式を変形する。

高校では **3 次式の因数分解**や **4 次式の因数分解**も学習する。

5 平方根の計算

例題 A 次の計算をせよ。

❶ $5\sqrt{2}-\sqrt{8}$

$=5\sqrt{2}-2\sqrt{2}$

$=(5-2)\sqrt{2}$

$=\mathbf{3\sqrt{2}}$

$\sqrt{8}=\sqrt{4}\times\sqrt{2}$
$=2\sqrt{2}$

❷ $\sqrt{50}-\dfrac{8}{\sqrt{2}}$ ← $\dfrac{8}{\sqrt{2}}$ の分母と分子に $\sqrt{2}$ を掛ける

$=5\sqrt{2}-\dfrac{8\times\sqrt{2}}{\sqrt{2}\times\sqrt{2}}$

$=5\sqrt{2}-4\sqrt{2}$

$=\mathbf{\sqrt{2}}$

$\dfrac{8\sqrt{2}}{2}=4\sqrt{2}$

平方根の計算法則 ($a>0$, $b>0$ のとき)	・$(\sqrt{a})^2=\sqrt{a^2}=a$ ・$\sqrt{a^2b}=a\sqrt{b}$	・$\sqrt{a}\times\sqrt{b}=\sqrt{ab}$	・$\dfrac{\sqrt{a}}{\sqrt{b}}=\sqrt{\dfrac{a}{b}}$

問 9 次の計算をせよ。

(1) $\sqrt{12}+\sqrt{27}$

(2) $\sqrt{1}+\sqrt{2}+\sqrt{4}+\sqrt{8}$

(3) $3\sqrt{2}\times\sqrt{40}$

(4) $\sqrt{48}\div3\sqrt{2}\times\sqrt{6}$

(5) $2\sqrt{7}\times\sqrt{14}\div\sqrt{12}$

(6) $\sqrt{5}+\dfrac{10}{\sqrt{5}}$

(7) $\sqrt{2}-\dfrac{1}{\sqrt{8}}$

(8) $\dfrac{\sqrt{10}}{\sqrt{5}}-\dfrac{1}{\sqrt{2}}+\sqrt{8}$

例題 B 次の計算をせよ。

❶ $(3\sqrt{2}+1)(3\sqrt{2}-1)$ 　展開の公式の利用

$=(3\sqrt{2})^2-1^2$

$=18-1$

$=\mathbf{17}$

❷ $(\sqrt{3}+\sqrt{2})^2-(\sqrt{3}-\sqrt{2})^2$

$=\{(\sqrt{3})^2+2\times\sqrt{3}\times\sqrt{2}+(\sqrt{2})^2\}$

$\quad-\{(\sqrt{3})^2-2\times\sqrt{3}\times\sqrt{2}+(\sqrt{2})^2\}$

$=(3+2\sqrt{6}+2)-(3-2\sqrt{6}+2)$

$=(5+2\sqrt{6})-(5-2\sqrt{6})$

$=\mathbf{4\sqrt{6}}$

問 10 次の計算をせよ。

(1) $(\sqrt{3}+1)^2$

(2) $(3+\sqrt{5})(3-\sqrt{5})$

(3) $(5-2\sqrt{6})(5+2\sqrt{6})$

(4) $(\sqrt{2}-2)(\sqrt{2}+1)$

(5) $(\sqrt{2}+1)^2+(\sqrt{2}-1)^2$

(6) $(\sqrt{6}+1)^2-(\sqrt{3}-2)^2$

チャレンジ 5 $\sqrt{2}$ の小数部分を a とするとき
$(a+1)(a-1)$
の値を求めよ。

アドバイス

$\sqrt{2}=1.414\cdots\cdots$なので，
$\sqrt{2}$ の小数部分 a は
$0.414\cdots\cdots$
すなわち，$\sqrt{2}-1$ である。

高校では $\sqrt{2}$ のような数を**無理数**といい，その性質について学習する。

6 式の計算の利用

例題 A $x=\sqrt{3}+2$ のとき，次の式の値を求めよ。

❶ x^2-4

$=(x-2)(x+2)$ ← 因数分解の公式の利用

$=\{(\sqrt{3}+2)-2\}\{(\sqrt{3}+2)+2\}$ ← $x=\sqrt{3}+2$ を代入

$=\sqrt{3}(\sqrt{3}+4)$ ← { }内を計算

$=3+4\sqrt{3}$

答 $3+4\sqrt{3}$

❷ x^2-4x+4

$=(x-2)^2$

$=\{(\sqrt{3}+2)-2\}^2$

$=(\sqrt{3})^2$

$=3$

答 3

問 11 次の問いに答えよ。

(1) 次の計算をくふうしてせよ。

① 98^2-2^2

② 99.8×100.2

(2) $a=3.14$，$b=2.14$ のとき，$a^2-2ab+b^2$ の値を求めよ。

(3) $x=\sqrt{5}-1$ のとき，x^2+2x の値を求めよ。

(4) $x=\sqrt{3}+\sqrt{2}$，$y=\sqrt{3}-\sqrt{2}$ のとき，$x^2+2xy+y^2$ の値を求めよ。

例題 B 奇数の2乗から1を引いた数は4の倍数になる。このことを証明せよ。

証明　n を整数とすると，奇数は $2n-1$ と表される。　偶数は $2n$ と表すことができる

この2乗から1を引くと

$$(2n-1)^2-1=(4n^2-4n+1)-1$$
$$=4n^2-4n$$
$$=4(n^2-n)$$

ここで，n^2-n は整数であるので，$4(n^2-n)$ は4の倍数になる。　終

問 12 連続した2つの奇数の2乗の差は8の倍数になる。このことを，次のように証明した。
□ にあてはまる式や数を求めよ。

証明　n を整数とする。小さいほうの奇数を $2n-1$ とすると，大きいほうの奇数は

$(2n-1)+2=2n+$ □ と表される。

この2数を2乗して，差を求めると

$(2n+1)^2-($ □ $)^2=(4n^2+4n+1)-($ □ $)$

$=$ □

したがって，連続した2つの奇数の2乗の差は，8の倍数になる。　終

問 13 連続する3つの整数の和は3の倍数になる。このことを証明せよ。

チャレンジ 6 $x+y=2\sqrt{3}$，$xy=2$ のとき，次の式の値を求めよ。

(1)　$x^2+2xy+y^2$

アドバイス

・$x^2+2xy+y^2=(x+y)^2$

・$x^2+y^2=(x+y)^2-2xy$

を利用して計算する。

(2)　x^2+y^2

高校では チャレンジ6のような式の値以外に，$\frac{1}{x}+\frac{1}{y}$ や x^3+y^3 などの値を求めることも学習する。

7 1次方程式

例題 A 次の1次方程式を解け。

❶

$$3(x+2)=x-3$$

まず，かっこをはずす

$$3x+6=x-3$$

次に，移項して同類項を整理する

$$3x-x=-3-6$$

$$2x=-9$$

両辺を2で割る

$$\boldsymbol{x=-\frac{9}{2}}$$

❷

$$\frac{1}{2}x+2=\frac{2}{3}$$

分母の最小公倍数6を両辺に掛ける

$$6\left(\frac{1}{2}x+2\right)=6\times\frac{2}{3}$$

$$3x+12=4$$

$$3x=4-12$$

$$3x=-8$$

$$\boldsymbol{x=-\frac{8}{3}}$$

問 14 次の1次方程式を解け。

(1) $2(x+1)=3(x-2)$

(2) $x+3(x+2)=2(x-3)$

(3) $2x-3=7x-(x-8)$

(4) $\frac{1}{2}x+1=\frac{3}{4}x-\frac{3}{2}$

(5) $\frac{2}{3}x-\frac{1}{2}=\frac{1}{6}x+2$

(6) $1-\frac{x-2}{6}=3-\frac{x}{2}$

例題 B 10 % の食塩水が 100 g ある。これを水でうすめて 8 % の食塩水にするには，水を何 g 加えたらよいか。

解　加える水の量を x g とおくと，うすめても食塩の量は変わらないから
求める値を x とおく

$0.1\times100=0.08(100+x)$　食塩の量を求める式をつくり＝で結ぶ
問題文から方程式をつくる

両辺に 100 を掛けて　小数を整数にするような数を両辺に掛ける

$10\times100=8(100+x)$

$1000=800+8x$

$-8x=800-1000$

$-8x=-200$

$x=25$

答　**25 g**

問 15 4 km 離れた駅へ行くのに，はじめは分速 60 m の速さで歩いたが，途中から分速 100 m で走ると，全部で 50 分かかった。分速 100 m で走った時間は何分間か。

チャレンジ 7 $|x-1|=5$ となる x の値を求めよ。

アドバイス

$|a|$ を a の**絶対値**といい，原点から座標 a までの距離を表す。
たとえば，座標 3 と -3 の点は，原点からの距離がともに 3 なので，

$|3|=3,\quad |-3|=3$

高校では　チャレンジ 7 のような**絶対値を含んだ方程式**の解法を学習する。

8 連立方程式

例題 A 次の連立方程式を解け。

❶ $\begin{cases} x+y=5 & \cdots\cdots① \\ y=2x-1 & \cdots\cdots② \end{cases}$

解 ②を①に代入して

$x+\underline{2x-1}=5$

$3x=6$

$x=2 \quad \cdots\cdots③$

③を②に代入して

$y=2\times2-1=3$

答 $\boldsymbol{x=2,\ y=3}$

❷ $\begin{cases} x+2y=4 & \cdots\cdots① \\ 2x+y=5 & \cdots\cdots② \end{cases}$

解 ②×2　$4x+2y=10 \quad \cdots\cdots③$

①，③で y の係数が等しくなったので

①−③

$$\begin{array}{rr} & x+2y=4 \\ -) & 4x+2y=10 \\ \hline & -3x \quad\ =-6 \end{array}$$

$x=2 \quad \cdots\cdots④$

④を②に代入して

$2\times2+y=5$

$4+y=5$

$y=1$

答 $\boldsymbol{x=2,\ y=1}$

問 16 次の連立方程式を解け。

(1) $\begin{cases} x+3y=1 \\ y=-2x+7 \end{cases}$

(2) $\begin{cases} 2x+3y=3 \\ y=x-4 \end{cases}$

(3) $\begin{cases} 3x-2y=-8 \\ x+y=-1 \end{cases}$

(4) $\begin{cases} 2x+3y=7 \\ 3x-2y=-9 \end{cases}$

例題 B **連立方程式** $\begin{cases} ax-2y=3 & \cdots\cdots① \\ x+by=5 & \cdots\cdots② \end{cases}$ **を満たす解が $x=1$，$y=2$ であるとき，定数 a，b の値をそれぞれ求めよ。**

解　$x=1$，$y=2$ を①に代入して

$a-2\times2=3$

$a-4=3$

$a=7$

②にも代入して

$1+2b=5$

$2b=4$

$b=2$

答　**$a=7$，$b=2$**

問 17 連立方程式 $\begin{cases} ax+by=5 \\ bx+3y=3 \end{cases}$

の解が $x=2$，$y=-1$ であるとき，定数 a，b の値をそれぞれ求めよ。

チャレンジ 8 次の連立方程式を解け。

$$\begin{cases} x+y=3 \\ y+z=4 \\ z+x=5 \end{cases}$$

アドバイス

2 組の式から 1 文字を消去することを考える。

高校では **3 つの文字の連立方程式**や，**2 次方程式を含んだ連立方程式**の解法を学習する。

9 2次方程式

例題A 次の2次方程式を解け。

❶ $x^2-x-6=0$

解 左辺を因数分解すると

$-1=2-3$
$-6=2\times(-3)$

$(x+2)(x-3)=0$

$x+2=0,\ x-3=0$

$AB=0$ のとき $A=0$ または $B=0$

$\boldsymbol{x=-2,\ x=3}$

❷ $3x^2-2x-7=0$

解 解の公式より

$$x=\frac{-(-2)\pm\sqrt{(-2)^2-4\times3\times(-7)}}{2\times3}$$
$$=\frac{2\pm\sqrt{4+84}}{6}=\frac{2\pm\sqrt{88}}{6}$$
$$=\frac{2\pm2\sqrt{22}}{6}=\boldsymbol{\frac{1\pm\sqrt{22}}{3}}$$

問18 次の2次方程式を解け。

(1) $x^2-2x-8=0$

(2) $9x^2-6x+1=0$

(3) $x^2-49=0$

(4) $\frac{1}{2}x^2+\frac{3}{2}x+1=0$

(5) $x^2+7x+5=0$

(6) $2x^2-5x-1=0$

(7) $x^2+4x-2=0$

(8) $2x^2+5x-3=0$

例題B **2次方程式 $x^2+ax+8=0$ の解の1つが2のとき，a の値を求めよ。**
また，残りの解も求めよ。

解 $x^2+ax+8=0$ ……①

に $x=2$ を代入すると

$2^2+a\times 2+8=0$

$4+2a+8=0$

$2a=-12$

$a=-6$ ……②

②を①に代入すると，方程式は

$x^2-6x+8=0$

左辺を因数分解して

$(x-4)(x-2)=0$

$x=4$，$x=2$

よって，残りの解は　$x=4$

答 **$a=-6$，残りの解は $x=4$**

問19 2次方程式 $x^2+ax+b=0$ の解が5と -3 のとき，定数 a，b の値をそれぞれ求めよ。

チャレンジ9 2次方程式 $(x-1)^2-5(x-1)+6=0$ を解け。

アドバイス
$x-1=X$ とおいて，X の2次式を因数分解して解く。

高校では **3次方程式**や**4次方程式**などの解法も学習する。

10 1次関数

例題A 次の問いに答えよ。

❶ グラフの傾きが2で，$x=1$ のとき $y=5$ となる1次関数の式を求めよ。また，そのグラフをかけ。

解 1次関数のグラフは直線で，傾き2より，求める1次関数の式は $y=2x+b$ とおける。
1次関数の式は $y=ax+b$

これに，$x=1$，$y=5$ を代入して

$5=2\times1+b$

$5=2+b$

$5-2=b$

$b=3$

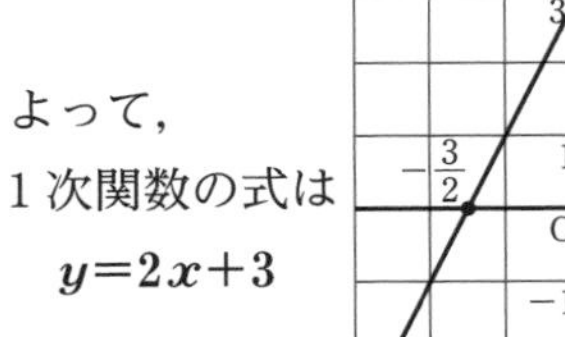

y=ax+b のグラフは，傾きa，切片b

よって，1次関数の式は

$\boldsymbol{y=2x+3}$

❷ 2点(2, 1)，(4, 5)を通る直線の式を求めよ。

解 直線の式を $y=ax+b$ とおく。

$(\underset{x}{2},\ \underset{y}{1})$を代入して，$1=2a+b$

$2a+b=1$ ……①

$(\underset{x}{4},\ \underset{y}{5})$を代入して，$5=4a+b$

$4a+b=5$ ……②

①，②の連立方程式を解くと

②−①

$$\begin{array}{rl} & 4a+b=5 \\ -) & 2a+b=1 \\ \hline & 2a \quad\ =4 \end{array}$$

$a=2$ ……③

③を①へ代入して

$4+b=1$

$b=-3$

よって，直線の式は

$\boldsymbol{y=2x-3}$

問20 次の問いに答えよ。

(1) グラフの傾きが -2 で，$x=2$ のとき $y=-7$ となる1次関数の式を求めよ。また，そのグラフをかけ。

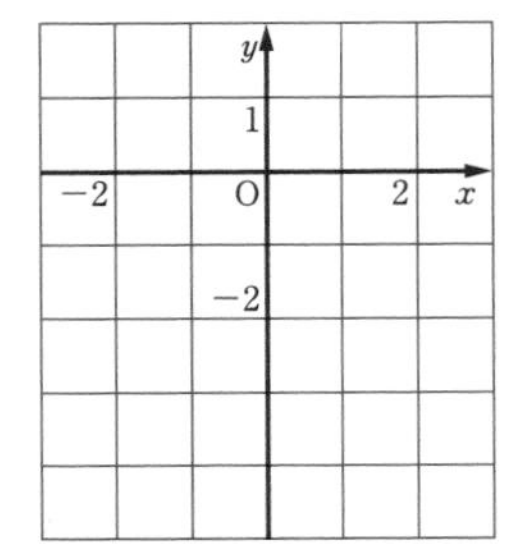

(2) 2点(1, −1)，(−2, 5)を通る直線の式を求めよ。

例題 B 方程式 $x+ay+b=0$ のグラフが3点(1, 2), (3, 5), (c, 8)を通るとき, a, b, c の値をそれぞれ求めよ。

解 $x+ay+b=0$ ……①

(1, 2)を①に代入して

$1+2a+b=0$ ……②

(3, 5)を①に代入して

$3+5a+b=0$ ……③

②, ③の連立方程式を解くと

③−②

$$\begin{array}{rl} & 3+5a+b=0 \\ -) & 1+2a+b=0 \\ \hline & 2+3a \quad\ \ =0 \end{array}$$

$a=-\dfrac{2}{3}$ ……④

④を②に代入して

$1-\dfrac{4}{3}+b=0$ $\quad b=\dfrac{4}{3}-1=\dfrac{1}{3}$ ……⑤

④, ⑤を①に代入して

$x-\dfrac{2}{3}y+\dfrac{1}{3}=0$

これに, ($\underline{c}$, $\underline{8}$)を代入して

$\underline{c}-\dfrac{2}{3}\times\underline{8}+\dfrac{1}{3}=0$

$c=\dfrac{2}{3}\times 8-\dfrac{1}{3}=\dfrac{16}{3}-\dfrac{1}{3}=\dfrac{15}{3}=5$

答 $\boldsymbol{a=-\dfrac{2}{3}}$, $\boldsymbol{b=\dfrac{1}{3}}$, $\boldsymbol{c=5}$

問 21 方程式 $x+ay+b=0$ のグラフが3点(−1, −1), (3, −3), (1, c)を通るとき, a, b, c の値をそれぞれ求めよ。

チャレンジ⑩ 直線 $y=2x+1$ に平行で, 点(2, 2)を通る直線の式を求めよ。

アドバイス

平行な直線の傾きは, 同じ値である。

高校では チャレンジ⑩のような**平行な直線**に加えて, **垂直な直線**についても学習する。

11 関数 $y=ax^2$

例題 A 関数 $y=ax^2$ において，$x=1$ のとき $y=2$ であった。このとき，この関数の式を求め，グラフをかけ。

解　$y=ax^2$ に，$x=1$，$y=2$ を代入して

$2=a\times1^2$

$2=a$

$a=2$

よって，求める関数の式は

$\boldsymbol{y=2x^2}$

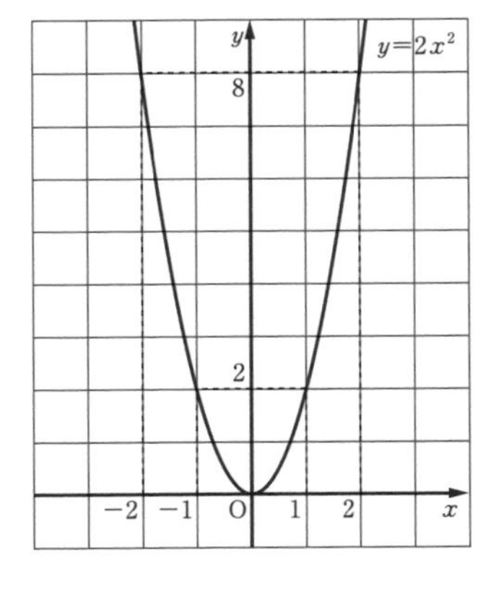

問 22 次の問いに答えよ。

(1)　関数 $y=ax^2$ において，$x=2$ のとき $y=2$ であった。このとき，この関数の式を求め，グラフをかけ。

(2)　関数 $y=ax^2$ において，$x=-3$ のとき $y=-9$ であった。このとき，この関数の式を求め，グラフをかけ。

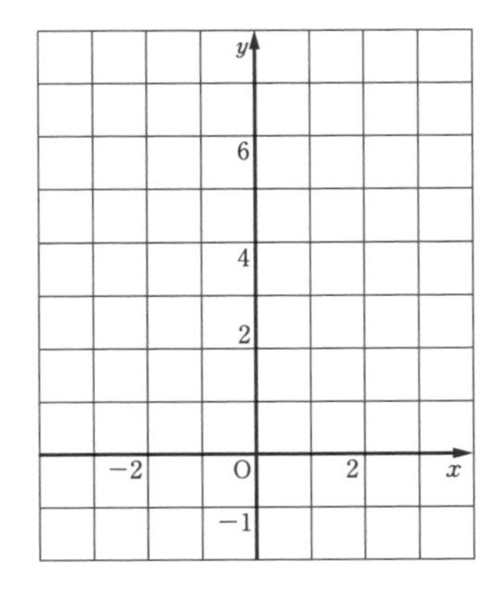

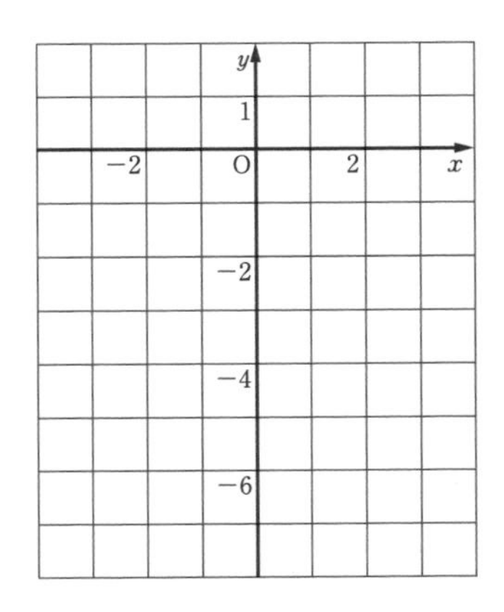

例題B **関数 $y=x^2$ について，x の値が $-1 \leqq x \leqq 2$ の範囲で変化するとき，y の値が変化する範囲を求めよ。**

x の変域　　y の変域

解　$x=-1$ のとき

$y=(-1)^2=1$

$x=2$ のとき

$y=2^2=4$

$-1 \leqq x \leqq 2$ の範囲に頂点(0, 0)があり，

$x=0$ のとき，$y=0$ である。

よって，y の値の範囲は

$0 \leqq y \leqq 4$

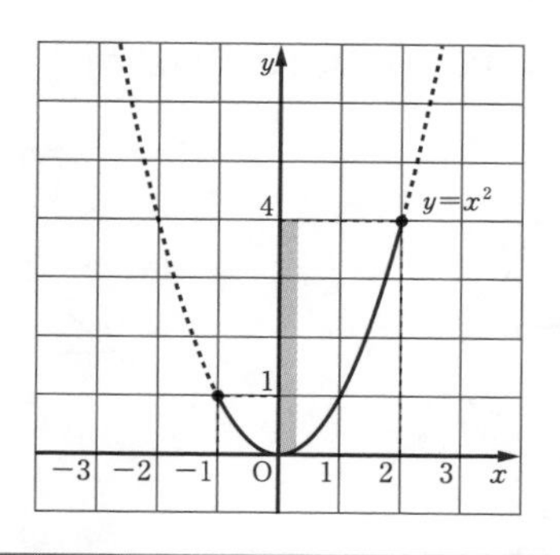

問23 次の問いに答えよ。

(1)　関数 $y=-x^2$ について，x の変域が $-2 \leqq x \leqq 1$ のとき，y の変域を求めよ。

(2)　関数 $y=\frac{1}{2}x^2$ について，x の変域が $-3 \leqq x \leqq 2$ のとき，y の変域を求めよ。

チャレンジ11 2つの関数 $y=x^2$ と $y=2x+3$ のグラフの交点の座標を求めよ。

アドバイス

2つの式をともに満たす x，y の値の組が交点の座標となる。連立方程式と考えて，代入して求める。

高校では $y=2x^2-3x+4$ のような **2次関数**や，**三角関数**などの新しい関数を学習する。

12 合同と相似

例題 A 次の図において，x の値を求めよ。

❶

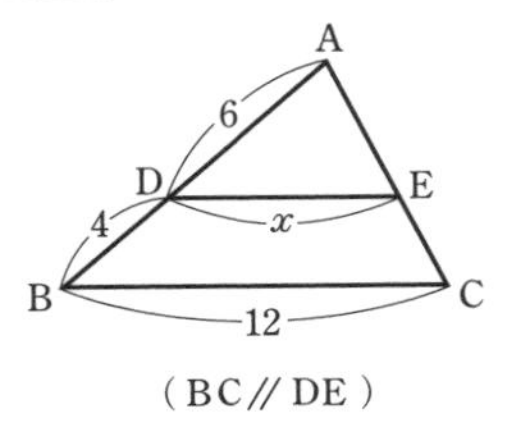

（BC∥DE）

解 BC∥DE より

AD：AB＝DE：BC

なので

$6 : 10 = x : 12$

$3 : 5 = x : 12$

$5x = 3 \times 12$

$5x = 36$

$\boldsymbol{x = \dfrac{36}{5}}$

❷

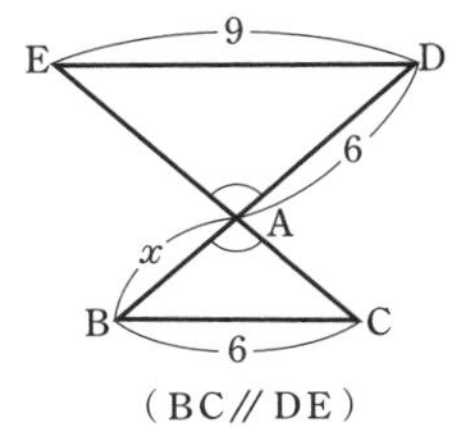

（BC∥DE）

解 BC∥DE より

AD：AB＝DE：BC

なので

$6 : x = 9 : 6$

$6 : x = 3 : 2$

$3x = 12$

$\boldsymbol{x = 4}$

❸

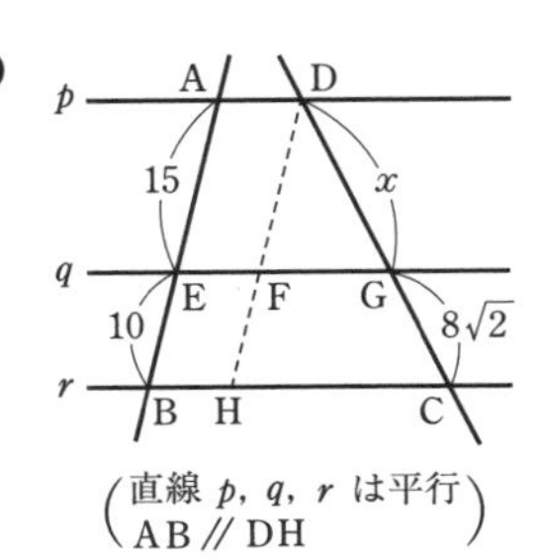

（直線 p, q, r は平行 AB∥DH）

解 $p \parallel q \parallel r$，AB∥DH より

AE＝DF，EB＝FH

なので

DF：FH＝DG：GC

すなわち

$15 : 10 = x : 8\sqrt{2}$

$3 : 2 = x : 8\sqrt{2}$

$2x = 24\sqrt{2}$

$\boldsymbol{x = 12\sqrt{2}}$

問 24 次の図において，x の値を求めよ。

(1)

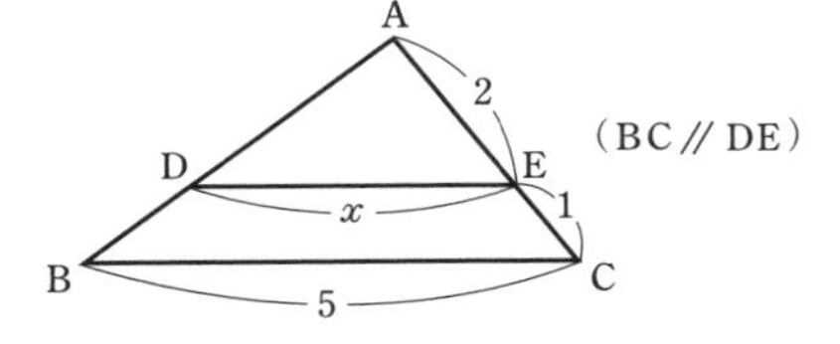

（BC∥DE）

(2)

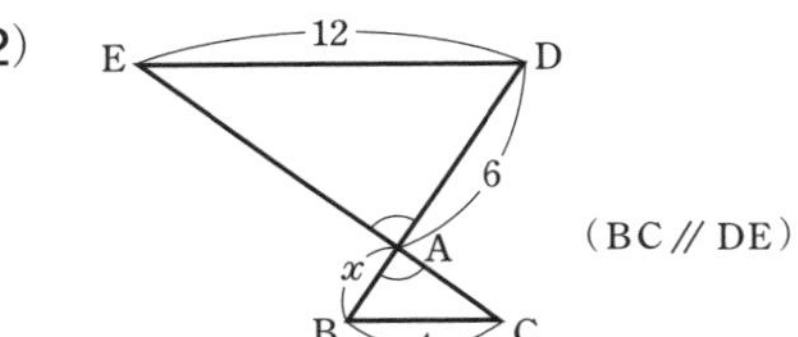

（BC∥DE）

(3)

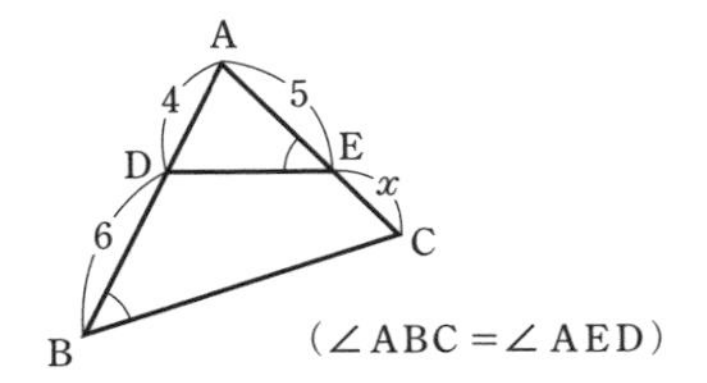

（∠ABC＝∠AED）

(4)

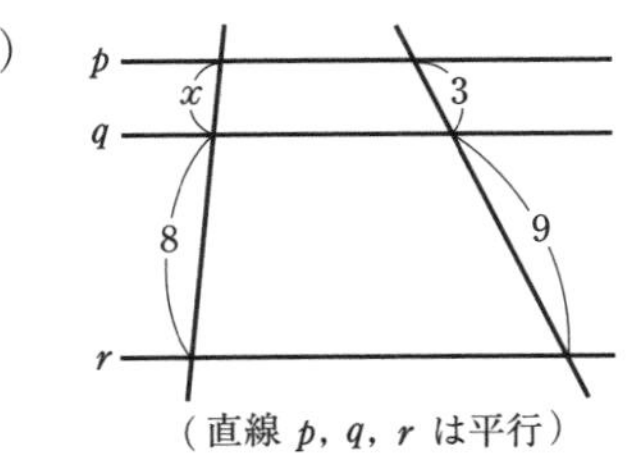

（直線 p, q, r は平行）

例題 B 右の図において，BC＝DE，∠ABC＝∠ADE ならば，
△ABC と △ADE は合同であることを証明せよ。

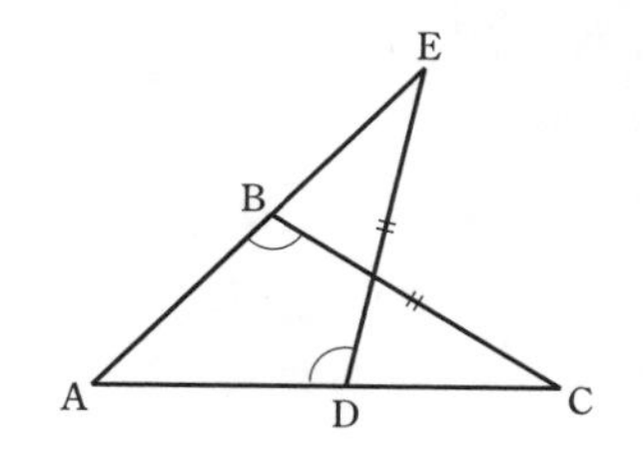

証明　△ABC と △ADE において

仮定より，BC＝DE　……①

∠ABC＝∠ADE　……②

∠A が共通　……③

②，③より，∠ACB＝∠AED　……④

①，②，④より，1 辺とその両端の角がそれぞれ等しいことから，

△ABC≡△ADE

三角形の合同条件
① 3 辺が等しい
② 2 辺とその間の角が等しい
③ 1 辺とその両端の角が等しい

問 25 四角形 ABCD において，∠BAC＝∠DAC，∠BCA＝∠DCA ならば BC＝DC であることを証明するとき，

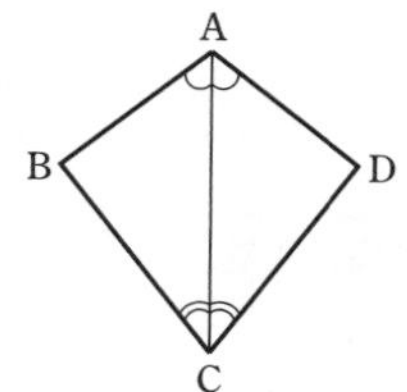

(1)　結論を導くためには，どの 2 つの三角形の合同を示せばよいか。

(2)　(1)の三角形が合同である条件は，(ア) 3 辺がそれぞれ等しい，(イ) 2 辺とその間の角がそれぞれ等しい，(ウ) 1 辺とその両端の角がそれぞれ等しい，のどれがいえるか。

問 26 右の図において，AC＝DB，∠ACB＝∠DBC ならば，AB＝DC であることを証明するとき，どの 2 つの三角形の合同を示せばよいか。また，その合同条件は何か。

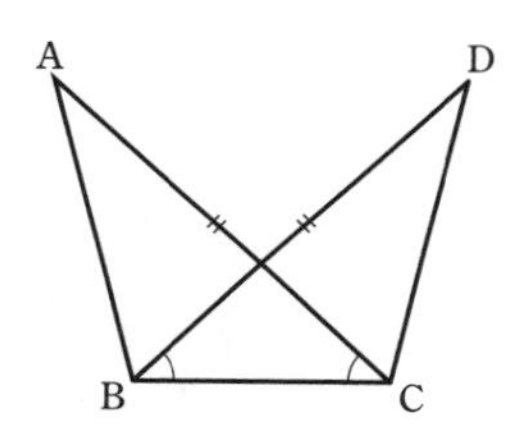

チャレンジ 12 右の図において，x の値を求めよ。
ただし，∠BAD＝∠CAD，DA // CE とする。

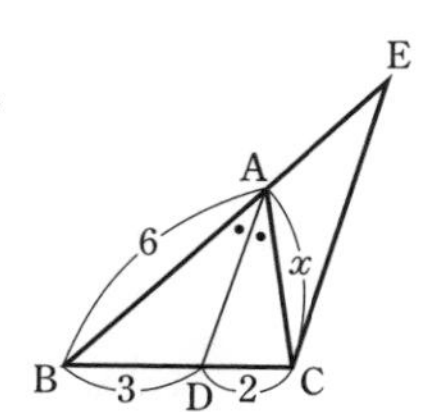

アドバイス
△ACE は二等辺三角形

高校では　チャレンジ 12 の AB：AC＝BD：DC を，**角の 2 等分線と線分の比の関係**として学習する。

13 円の性質

例題 A **右の図において，x の大きさを求めよ。ただし，O は円の中心とする。**

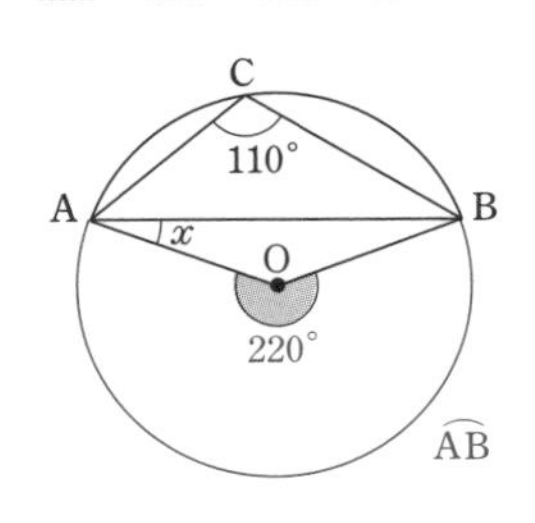

解　∠ACB は $\overset{\frown}{AB}$ の円周角なので，その中心角は

$2\times110°=220°$

よって，∠AOB は

$360°-220°=140°$

△OAB は，OA＝OB(円 O の半径)により

二等辺三角形なので，その底角が等しいことから

$x=\frac{1}{2}\times(180°-140°)=\mathbf{20°}$

問 27 次の図において，x の大きさを求めよ。ただし，O は円の中心とする。

(1)

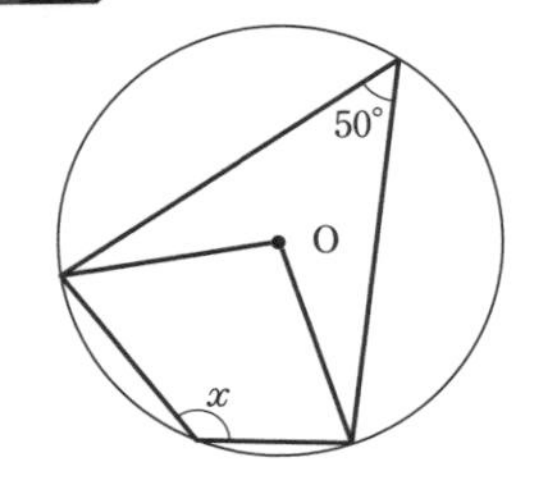

(2)

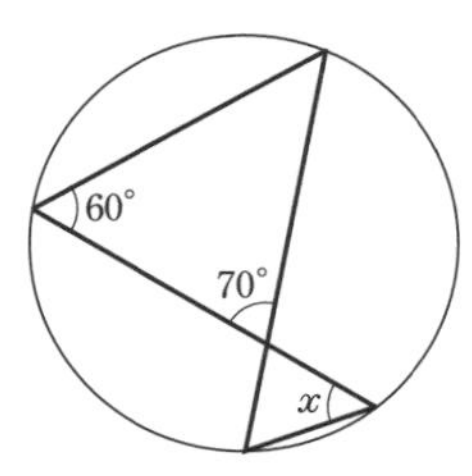

(3)

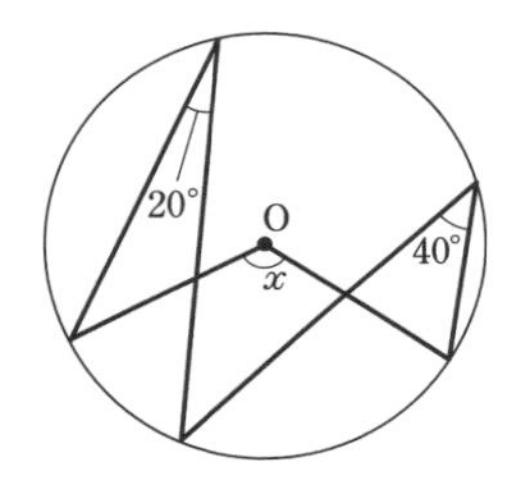

(4)

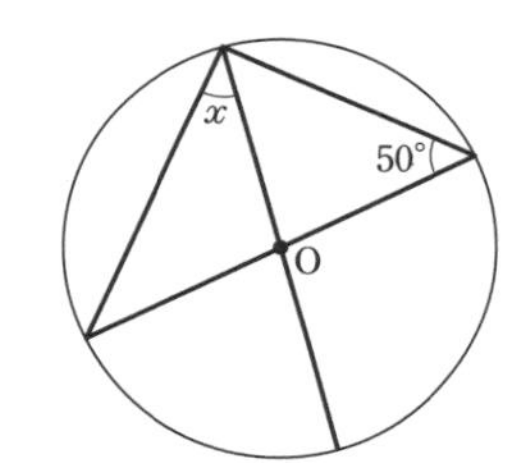

問 28 右の図において，四角形 ABCD は正方形，△EBC は正三角形である。斜線部分の図形の周の長さと面積を求めよ。

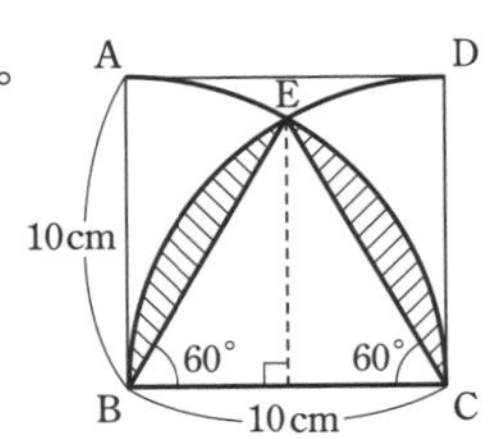

**例題 B 右の図において，A，B，C，D，E，F，G，H，I，J，K，L は円 O の周を 12 等分する点である。
円 O の半径を 10 cm，OB と AC の交点を M とするとき，次の問いに答えよ。**

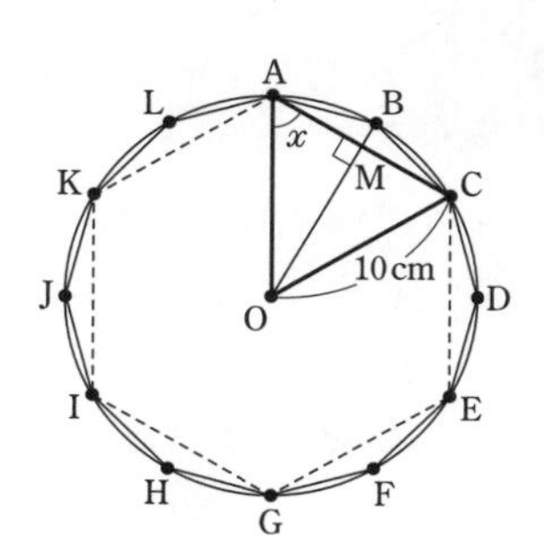

❶ x の大きさを求めよ。

解 多角形 ACEGIK は正六角形となっていることから，
その中心角は

$$\angle AOC=\frac{1}{6}\times 360^\circ=60^\circ$$

さらに，OA＝OC(円 O の半径)から
△OAC は正三角形なので　$x=60^\circ$

答 **60°**

❷ 線分 CM の長さを求めよ。

解 △OAC は正三角形であることから，
AC＝OC＝10(cm)なので　$CM=\frac{10}{2}=5$

答 **5 cm**

問 29 次の図において，x，y の大きさを求めよ。ただし，円周上の点は，それぞれ円周を等分した点である。

(1)

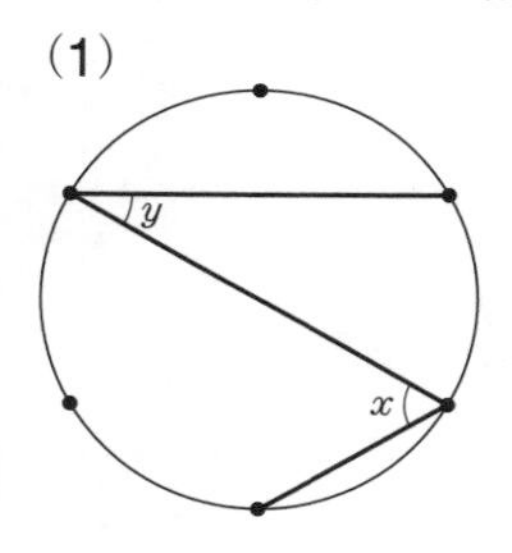

(2)

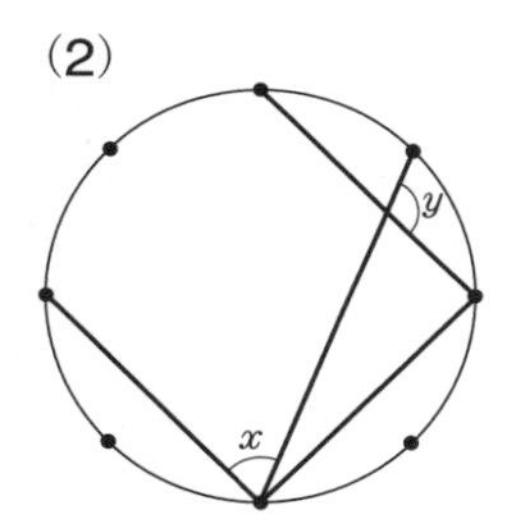

チャレンジ 13 右の図において，x の大きさを求めよ。ただし，直線 AT は円 O の点 A における接線とする。

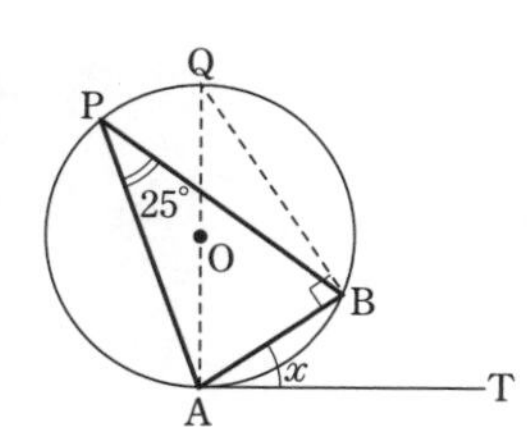

アドバイス

・$\angle AQB+\angle QAB=90^\circ$

・$AQ\perp AT$

高校では　チャレンジ⑬の∠BAT を**接線 AT と弦 AB のなす角**といい，これについて学習する。

14 三平方の定理，面積・体積

例題 A 右の図において，x の値を求めよ。ただし，AP は円 O の接線とする。

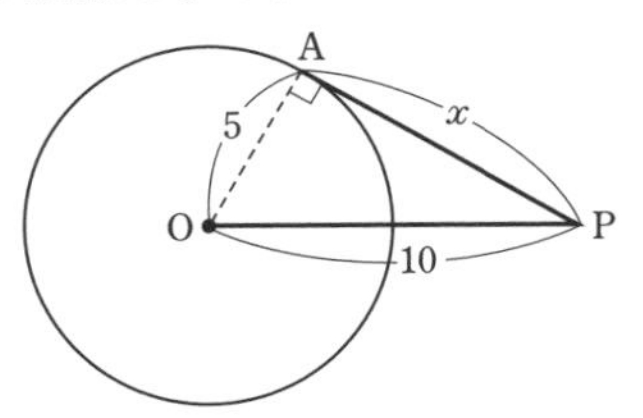

解　AP は円 O の接線であるので　$OA \perp AP$

直角三角形 OAP で，三平方の定理より

$10^2 = 5^2 + x^2$　（$100 = 25 + x^2$）

$x^2 = 100 - 25 = 75$

$x > 0$ より　$\boldsymbol{x = \sqrt{75} = 5\sqrt{3}}$

問 30 次の図で，x の値を求めよ。

(1)

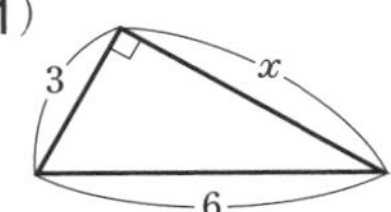

(2)

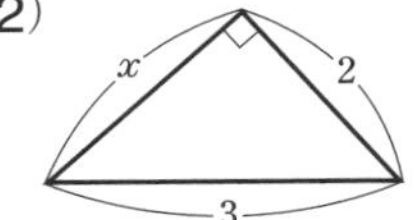

(3)

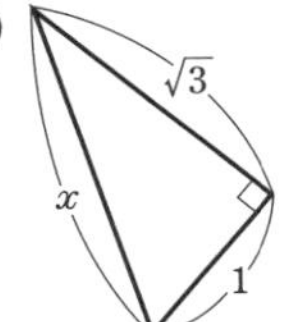

(4)

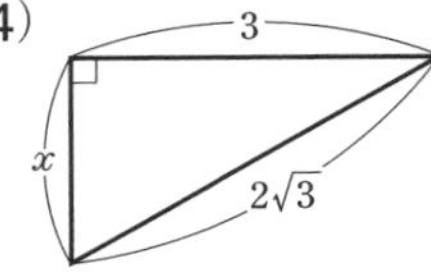

(5)　長方形 ABCD

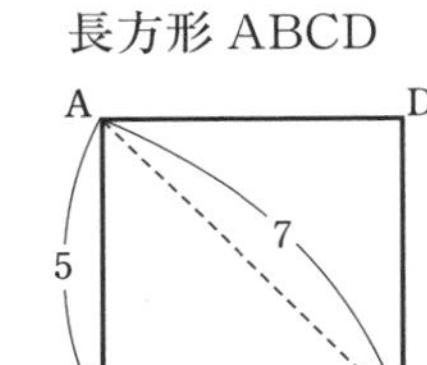

(6)　AB は円 O の弦

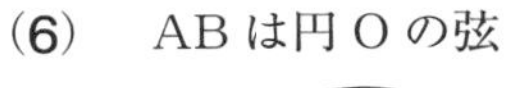

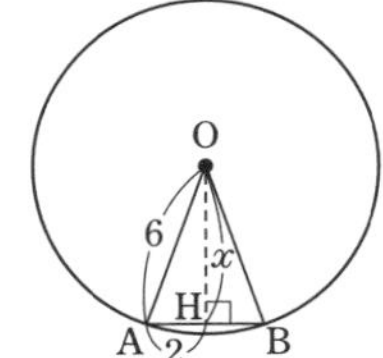

(7)　AP は円 O の接線

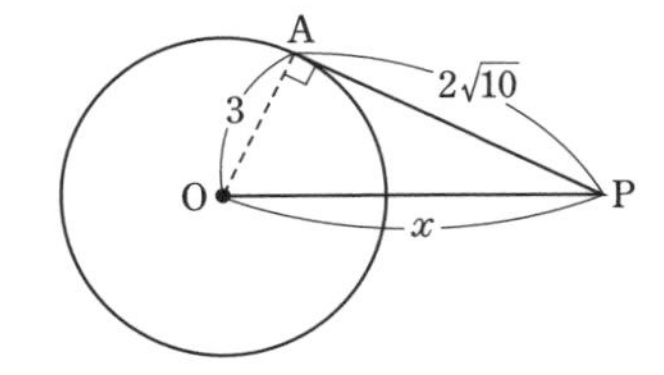

(8)　台形 ABCD

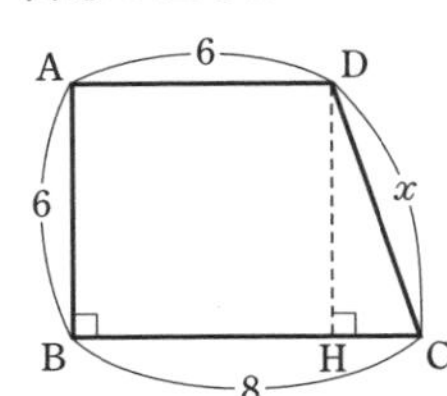

例題 B 右の円錐（すい）について，その体積と表面積を求めよ。

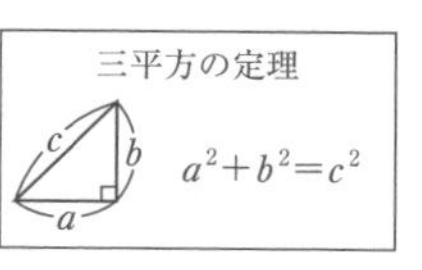

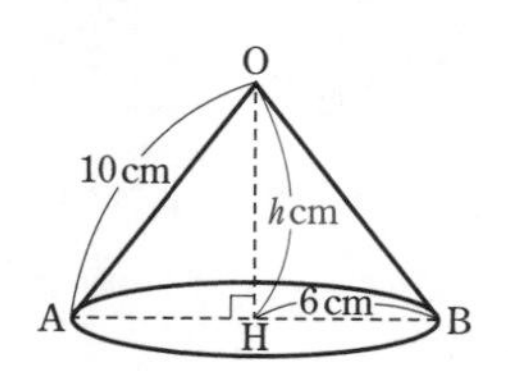

解　円錐の高さを h cm とすると，△OAH について

$h^2=10^2-6^2=64$

$h>0$ より

$h=\sqrt{64}=8$

したがって，円錐の体積は

$\frac{1}{3}\times\pi\times6^2\times8=96\pi$ (cm³)

また，右の円錐の展開図より，側面となる扇形の弧の長さは，底面の円周の長さに等しいので，扇形の中心角の大きさを $a°$ とすると　$\frac{a°}{360°}=\frac{a}{360}$

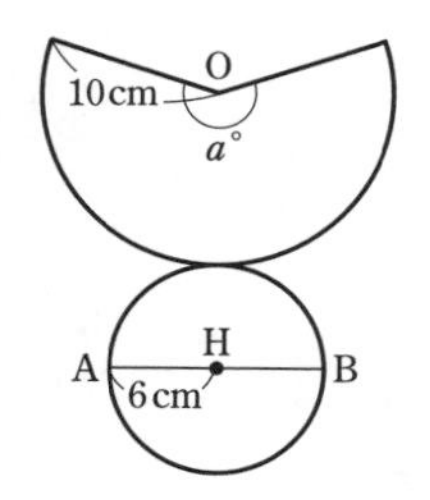

$2\pi\times10\times\frac{a}{360}=2\pi\times6$　から

$a=36\times6=216$

円錐の表面積は，(側面の面積)＋(底面の面積)なので

$\pi\times10^2\times\frac{216}{360}+\pi\times6^2=60\pi+36\pi=96\pi$ (cm²)

答　**体積 96π cm³，表面積 96π cm²**

問 31 右の円錐について，その体積と表面積を求めよ。

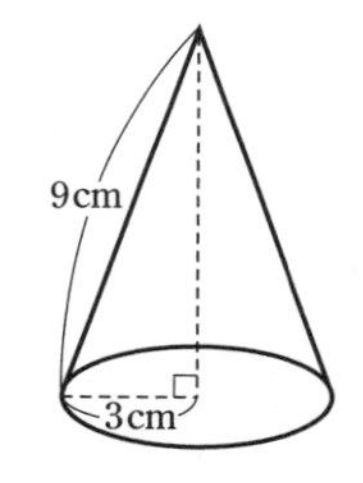

チャレンジ 14 右の図で，2 点 A(2, −1)，B(−4, 7) 間の距離を求めよ。

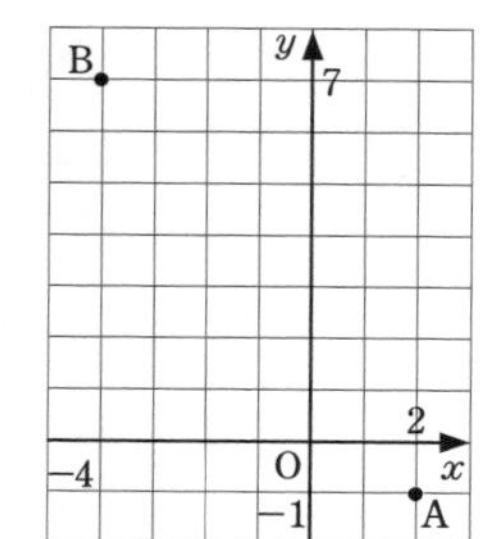

アドバイス
直角三角形を考え，三平方の定理を利用する。

高校では　座標平面上の 2 点を A(a_1, a_2)，B(b_1, b_2)とするとき，三平方の定理を用いて，**2 点 A，B 間の距離**を，$AB=\sqrt{(b_1-a_1)^2+(b_2-a_2)^2}$ と表し，公式として利用することを学習する。

15 場合の数，確率

例題 A 大小 2 つのさいころを投げる。目の数の差が 2 となる場合は全部で何通りあるか。さらに，その確率も求めよ。

解　右の表から，目の数の差が 2 となる場合は

(1, 3), (3, 1), (2, 4), (4, 2), (3, 5), (5, 3), (4, 6), (6, 4)

の 8 通り。

大小 2 つのさいころを投げる場合は，全部で

$6\times6=36$ （通り）　右の表からも 6×6=36(通り)

したがって，目の数の差が 2 となる確率は

$\frac{8}{36}=\frac{2}{9}$　目の差が 2 となる場合の数／全部の場合の数

答　**8 通り，確率 $\frac{2}{9}$**

目の組合せの表をつくる

目の差の表

小＼大	1	2	3	4	5	6
1	0	1	2	3	4	5
2	1	0	1	2	3	4
3	2	1	0	1	2	3
4	3	2	1	0	1	2
5	4	3	2	1	0	1
6	5	4	3	2	1	0

問 32 大小 2 つのさいころを投げる。目の数が次のようになる場合は何通りあるか。さらに，その確率も求めよ。

(1)　目の数の和が 10

目の和の表

小＼大	1	2	3	4	5	6
1	2	3	4	5	6	7
2	3	4	5	6	7	8
3	4	5	6	7	8	9
4	5	6	7	8	9	10
5	6	7	8	9	10	11
6	7	8	9	10	11	12

(2)　目の数の和が 5 の倍数

(3)　目の数の差が 4 以上となる場合

(4)　目の数の積が 3 の倍数となる場合

問 33 1, 2, 3, 4 の数字を 1 つずつかいた 4 枚のカードがある。これをよくきり，1 列に並べて 4 桁の正の整数をつくる。

(1)　4 桁の正の整数は全部で何個できるか。

(2)　一の位が 2 である数は何個できるか。

(3)　偶数は何個できるか。

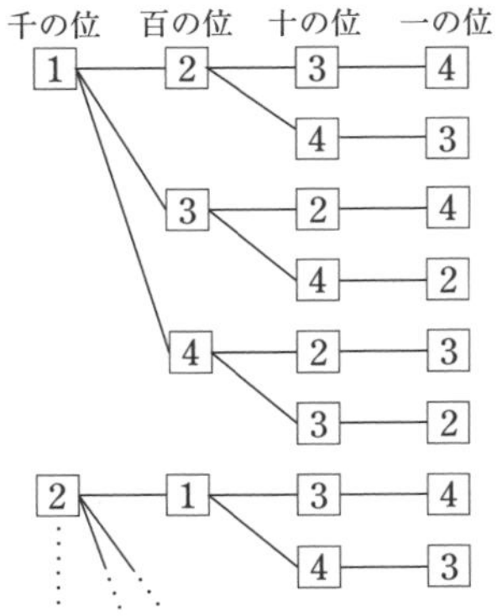

千の位　百の位　十の位　一の位

1 ─ 2 ─ 3 ─ 4
　　　 └ 4 ─ 3
　├ 3 ─ 2 ─ 4
　　　 └ 4 ─ 2
　└ 4 ─ 2 ─ 3
　　　 └ 3 ─ 2

2 ─ 1 ─ 3 ─ 4
　　　 └ 4 ─ 3
⋮

例題 B A，B，C，D 4 人の中からくじびきで 2 人の委員を選ぶ。委員の中に A が含まれる場合は何通りあるか。さらに，その確率を求めよ。

解 委員の中に A が含まれる選び方は，(A，B)，(A，C)，(A，D)
の 3 通り。
4 人から 2 人を選ぶ選び方は，A が含まれる 3 通りに加えて，
(B，C)，(B，D)，(C，D) の 3 通りがある。
これより，4 人の中から 2 人の委員を選ぶ選び方は全部で
$3+3=6$（通り）
したがって，求める確率は $\frac{3}{6}=\frac{1}{2}$

答 **3 通り，確率 $\frac{1}{2}$**

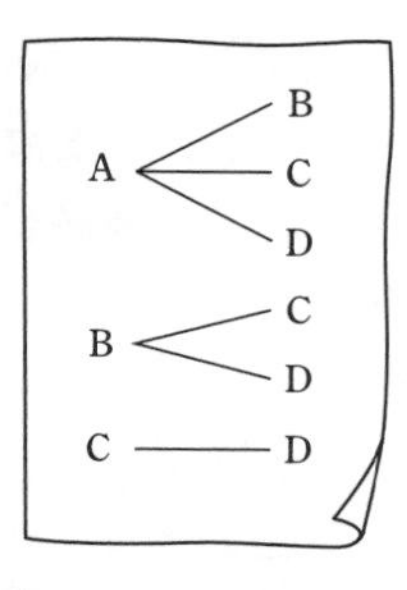

問 34 袋の中に，赤球，白球，青球，黒球がそれぞれ 1 個ずつ入っている。この袋の中から同時に球を 2 個取り出すとき，次の問いに答えよ。

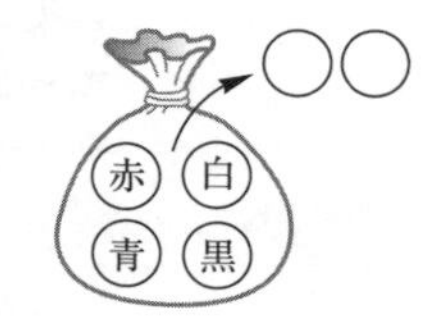

(1) 取り出した球の中に，赤球が含まれる場合は何通りあるか。

(2) (1)である確率を求めよ。

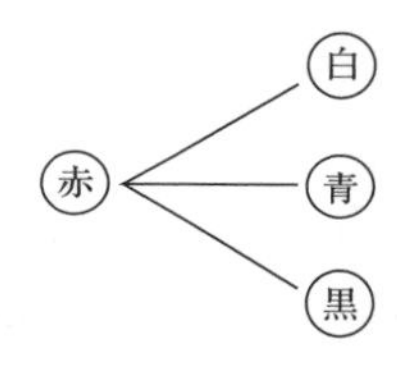

(3) 取り出した球の中に赤球が 1 つも含まれない場合は何通りあるか。

(4) (3)である確率を求めよ。

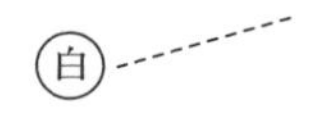

チャレンジ 15 A の袋には赤球 1 個と白球 3 個が，B の袋には白球 4 個が入っている。はじめに A の袋から 1 個を取り出して B の袋に入れ，続けて B の袋から 1 個を取り出して A の袋に入れるとき，はじめと同じように赤球が A の袋に入っている確率を求めよ。

高校では チャレンジ⑮で球の出し入れを**繰り返し行った場合の確率**を学習する。

16 代表値と四分位数

例題 A **右の表は，生徒 40 人について，国語のテストの得点を度数分布表で示したものである。得点の平均値と最頻値を求め，中央値が入っている階級をいえ。**

階級(点)	階級値(点)	度数(人)
以上 未満 0 ～ 20	10	3
20 ～ 40	30	7
40 ～ 60	50	11
60 ～ 80	70	12
80 ～ 100	90	7
計		40

解 右の表から，テストの平均値は

$(10\times3+30\times7+50\times11+70\times12+90\times7)\div40$

$=56.5$(点)

最頻値は，度数が最も多い 12 人の階級値 70(点)

中央値は，小さい方から20 番目と 21 番目の得点が入っている階級で，「40 点以上 60 点未満」である。

答 **平均値 56.5 点，最頻値 70 点，40 点以上 60 点未満の階級**に中央値が入っている。

問 35 右の表は，生徒 41 人について，数学のテストの得点を度数分布表で示したものである。

(1) 得点の平均値を求めよ。(小数第 1 位まで)

(2) 得点の中央値が入っている階級を求めよ。

(3) 得点の最頻値を求めよ。

階級(点)	階級値(点)	度数(人)
以上 未満 0 ～ 10	5	1
10 ～ 20	15	2
20 ～ 30	25	3
30 ～ 40	35	2
40 ～ 50	45	2
50 ～ 60	55	4
60 ～ 70	65	9
70 ～ 80	75	11
80 ～ 90	85	4
90 ～ 100	95	3
計		41

問 36 右の表は，大相撲のある場所における力士 30 人について，体重を度数分布表で示したものである。

(1) 体重の平均値を求めよ。(小数第 1 位まで)

(2) 体重の中央値が入っている階級を求めよ。

(3) 体重の最頻値を求めよ。

階級(kg)	階級値(kg)	度数(人)
以上 未満 100 ～ 110	105	2
110 ～ 120	115	4
120 ～ 130	125	5
130 ～ 140	135	8
140 ～ 150	145	3
150 ～ 160	155	4
160 ～ 170	165	2
170 ～ 180	175	1
180 ～ 190	185	1
190 ～ 200	195	0
計		30

例題 B 右の表は，ある学校の 8 クラスについて，数学のテストの平均点を示したものである。最小値，最大値，第 1 四分位数 Q_1，中央値（第 2 四分位数）Q_2，第 3 四分位数 Q_3 を求め，箱ひげ図をかけ。

クラス	A	B	C	D	E	F	G	H
平均点	61	65	72	63	75	55	71	82

解　データを小さい順に並べると，55，61，63，65，71，72，75，82　だから

最小値 **55** 点，最大値 **82** 点

並べたデータの小さい方から 4 番目と 5 番目の値の平均値が中央値 Q_2 だから

$$Q_2=\frac{65+71}{2}=\frac{136}{2}=\mathbf{68}\text{（点）}$$

並べたデータの前半 4 個のデータ「55，61，63，65」の中央値が Q_1 だから，

61 と 63 の平均値を求めて　$Q_1=\frac{61+63}{2}=\frac{124}{2}=\mathbf{62}$（点）

並べたデータの後半 4 個のデータ「71，72，75，82」の中央値が Q_3 だから，

72 と 75 の平均値を求めて　$Q_3=\frac{72+75}{2}=\frac{147}{2}=\mathbf{73.5}$（点）

よって，最小値 55，$Q_1=62$，$Q_2=68$，$Q_3=73.5$，最大値 82 だから，これを図にとって

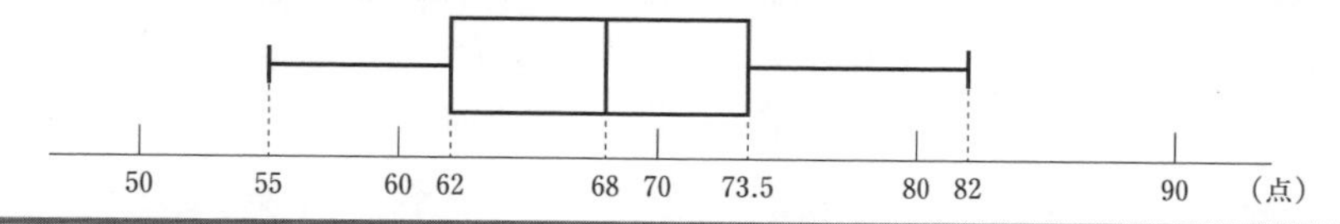

問 37 次の表は，ある野球チームの 10 人について，体重を示したものである。最小値，最大値，第 1 四分位数，中央値（第 2 四分位数），第 3 四分位数を求め，箱ひげ図をかけ。

選手	A	B	C	D	E	F	G	H	I	J
体重(kg)	90	82	86	97	82	88	102	92	99	78

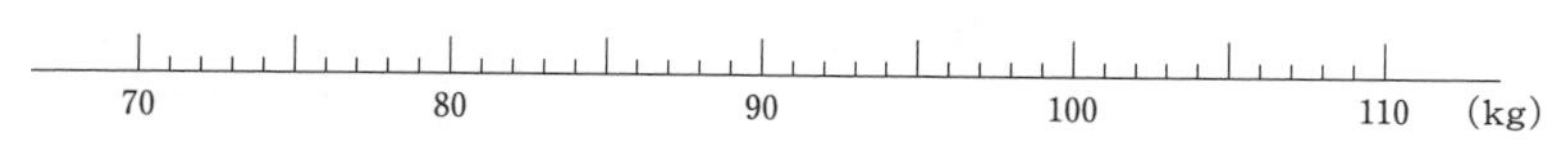

チャレンジ 16 右のデータについて，次のものを求めよ。

6，8，7，9，7，7，5，8，6，7

(1)　平均値

(2)　それぞれのデータの値と平均値との差（この値を偏差という）

(3)　(2)の値の 2 乗の値を求め，その平均値（この値を分散という）

高校では チャレンジ 16 で求めた**分散**に加えて，さらに**標準偏差**を学習し，データの傾向を分析する。

17 標本調査

例題 A **毎日 10 万個の商品を包装する工場で包装された品物から，200 個を無作為に抽出したところ，そのうち 7 個が不良品であった。この工場で 1 日に包装される品物のうち，不良品の総数はおよそ何個と推定されるか。**

解 無作為に抽出した 200 個のうち 7 個が不良品であったので，この工場で 1 日に包装される品物のうち不良品の比率は

$$\frac{7}{200}$$

したがって，1 日の不良品のおよその総数は

$$100000\times\frac{7}{200}=3500(\text{個})$$

答 1 日の不良品は **3500 個**と推定できる。

問 38 次の工場で大量に製造されている品物の標本調査を行った。次の問いに答えよ。

(1) 100 個を無作為に抽出して，4 個が不良品であったとき，7000 個の品物を製造したときに発生する不良品の総数はおよそ何個と推定されるか。

(2) 400 個を無作為に抽出して，5 個が不良品であったとき，1 万個の品物を製造したときに発生する不良品の総数はおよそ何個と推定されるか。

問 39 あるメーカーで大量に製造されている品物の標本調査を行った。次の問いに答えよ。

(1) 製造している工場において，品物 400 個を無作為に抽出して，2 個が不良品であったとき，10 万個の品物を製造したときに発生する不良品の総数はおよそ何個と推定されるか。

(2) (1)の工場で製造した不良品でない品物で，輸送して消費者の手元に届けられた 500 個を無作為に抽出すると，1 個が不良品であった。このとき，工場が 10 万個の品物を製造し，そのうち不良品でない品物を輸送して消費者に届けたとすると，消費者の手元に届けられてしまう不良品の総数はおよそ何個か。

例題 B **ある魚の棲む湖で，網ですくうと 20 匹とれ，この 20 匹に印をつけて湖にもどした。1 か月後，また同じ網で魚をすくうと 24 匹とれ，そのうち印のついた魚が 3 匹含まれていた。この湖に棲む魚の総数は，およそ何匹と推定されるか。**

解 この湖に棲む魚の総数を x(匹) とすると

$x : 20 = 24 : 3$

$3 \times x = 24 \times 20$

$x = 160$

答 **およそ 160 匹**と推定できる。

問 40 白球がたくさん入っている箱 A，B がある。この箱の中の白球のおよその個数を調べるために，次のような標本調査を行った。箱の中の白球の個数を推定せよ。

(1) 同じ大きさの赤球 200 個を箱 A に入れてよくかき混ぜた後，そこから 100 個の球を無作為に抽出すると，赤球が 8 個含まれていた。

(2) 同じ大きさの黄球 500 個を箱 B に入れてよくかき混ぜた後，そこから 100 個の球を無作為に抽出すると，黄球が 4 個含まれていた。

チャレンジ 17 右の表は，A 店と B 店で販売している M サイズのりんご 5 個の重さを表したものである。A 店と B 店のりんごの重さの平均値を求めよ。さらに，A 店，B 店のりんごの重さの範囲を調べると，その散らばり具合はどうなっているか。

A 店	134	128	132	146	135
B 店	138	134	133	137	133

(g)

アドバイス
範囲＝最大値－最小値

高校では 母集団と標本について，いろいろな分析をする。

カウントダウン数学　アドバンス

●編　者　実教出版編修部
●発行者　小田良次
●印刷所　株式会社太洋社

●発行所　実教出版株式会社

〒102-8377
東京都千代田区五番町5
電話〈営業〉(03)3238-7777
〈編修〉(03)3238-7785
〈総務〉(03)3238-7700
https://www.jikkyo.co.jp/

002302022　ISBN 978-4-407-35209-2

カウントダウン数学
アドバンス

解答編

実教出版

1 数の計算

例題A 次の計算をせよ。

❶ $(-2)^3-(-3^2)$　累乗の計算

$=(-2)\times(-2)\times(-2)-(-3\times3)$

$=-8-(-9)$

$=-8+9$

$=1$

❷ $3\div(-6)\div(-2)\times(-8)$　除法は乗法に $\div a \to \times\frac{1}{a}$

$=3\times\left(-\frac{1}{6}\right)\times\left(-\frac{1}{2}\right)\times(-8)$

$=-\left(3\times\frac{1}{6}\times\frac{1}{2}\times8\right)$

$=-2$

問1 次の計算をせよ。

(1) $(-5)+(-6)-(-4)-1$

$=-5-6+4-1$

$=-8$

(2) $-\frac{1}{2}+\frac{1}{3}+\left(-\frac{3}{4}\right)-\frac{1}{6}$　通分する

$=-\frac{6}{12}+\frac{4}{12}-\frac{9}{12}-\frac{2}{12}$

$=\frac{-6+4-9-2}{12}$

$=-\frac{13}{12}$

(3) $(-5)^2$

$=(-5)\times(-5)$

$=25$

(4) $(-2)^4\div2^2\div(-2^2)$

$=(-2)\times(-2)\times(-2)\times(-2)\div(2\times2)$
$\div(-2\times2)$

$=16\div4\div(-4)=16\times\frac{1}{4}\times\left(-\frac{1}{4}\right)$

$=-\left(16\times\frac{1}{4}\times\frac{1}{4}\right)=-1$

(5) $(-3^2)+(-2)^4$

$=(-3\times3)+(-2)\times(-2)\times(-2)\times(-2)$

$=-9+16$

$=7$

(6) $(-8)\div12\times3\div(-2)$

$=-8\times\frac{1}{12}\times3\times\left(-\frac{1}{2}\right)$

$=8\times\frac{1}{12}\times3\times\frac{1}{2}$

$=1$

(7) $(-2^3)\div3\div(-4)^2\times6$

$=(-2\times2\times2)\div3\div\{(-4)\times(-4)\}\times6$

$=-8\div3\div16\times6$

$=-8\times\frac{1}{3}\times\frac{1}{16}\times6$

$=-1$

(8) $\left(-\frac{1}{3}\right)^2\times\left(-\frac{3}{4}\right)\div\frac{1}{24}$

$=\left(-\frac{1}{3}\right)\times\left(-\frac{1}{3}\right)\times\left(-\frac{3}{4}\right)\times24$

$=-\left(\frac{1}{3}\times\frac{1}{3}\times\frac{3}{4}\times24\right)$

$=-2$

例題B 次の計算をせよ。

❶ $10+(5-3^2)\div2$　累乗の計算

$=10+(5-9)\div2$　かっこの中の計算

$=10+(-4)\div2$　除法の計算

$=10+(-2)$

$=8$

❷ $12\times\left(\frac{2}{3}-\frac{3}{4}\right)$　分配法則の利用 $a(b+c)=ab+ac$

$=12\times\frac{2}{3}-12\times\frac{3}{4}$

$=8-9$

$=-1$

〔別解〕
かっこの中を通分すると
$\frac{2}{3}-\frac{3}{4}=\frac{8-9}{12}=-\frac{1}{12}$
よって
$12\times\left(-\frac{1}{12}\right)=-1$

問2 次の計算をせよ。

(1) $(-3)\times6-(-8)\div4$

$=-18-(-2)$

$=-18+2$

$=-16$

(2) $18-\{12\div(2-5)\}\times(-5)$

$=18-\{12\div(-3)\}\times(-5)$

$=18-(-4)\times(-5)$

$=18-20$

$=-2$

(3) $(-2)^2\div4-(-3^2)\times5$

$=(-2)\times(-2)\div4-(-3\times3)\times5$

$=4\div4-(-9)\times5$

$=1-(-45)$

$=1+45$

$=46$

(4) $\left(-\frac{3}{8}\right)\div\left(-\frac{3}{2}\right)^3-\frac{3}{4}$

$=-\frac{3}{8}\div\left(-\frac{27}{8}\right)-\frac{3}{4}$

$=-\frac{3}{8}\times\left(-\frac{8}{27}\right)-\frac{3}{4}$

$=\frac{1}{9}-\frac{3}{4}=\frac{4}{36}-\frac{27}{36}=-\frac{23}{36}$

(5) $18\times\left(\frac{2}{9}-\frac{5}{9}\right)$

$=18\times\frac{2}{9}-18\times\frac{5}{9}$

$=4-10$

$=-6$

〔別解〕
$=18\times\left(-\frac{3}{9}\right)$
$=18\times\left(-\frac{1}{3}\right)$
$=-6$

(6) $3.14\times23-3.14\times123$

$=3.14\times(23-123)$

$=3.14\times(-100)$

$=-314$

チャレンジ1 次の①～④のうち，正しいものをすべて選び，その番号を答えよ。

① $x>1$ のとき　$x^2>x$ である
② $0<x<1$ のとき　$x^2>x$ である
③ $-1<x<0$ のとき　$x^2>x$ である
④ $x<-1$ のとき　$x^2>x$ である

解 ① たとえば $x=2$ とすると　$x^2=4$
$4>2$ より $x^2>x$ となる。

② たとえば $x=0.5$ とすると　$x^2=0.25$
$0.25<0.5$ より $x^2>x$ とはならない。

③ たとえば $x=-0.5$ とすると　$x^2=0.25$
$0.25>-0.5$ より $x^2>x$ となる。

④ たとえば $x=-2$ とすると　$x^2=4$
$4>-2$ より $x^2>x$ となる。

※③，④は $x<0$，$x^2>0$ より常に $x^2>x$ である。

答 ①，③，④

高校では $x^2>x$ のような不等号で表された式について学習する。このような式を**不等式**という。

2 式の計算

例題A 次の式の計算をせよ。

❶ $2(3x+1)-3(x-2)$ ← $-3(x-2)=-3x+6$ 符号に注意

$=6x+2-3x+6$ （同類項の整理）

$=\mathbf{3x+8}$

❷ $\dfrac{x-y}{2}-\dfrac{2x+y}{3}$ （通分する）

$=\dfrac{3(x-y)}{6}-\dfrac{2(2x+y)}{6}$

$=\dfrac{3(x-y)-2(2x+y)}{6}$

$=\dfrac{3x-3y-4x-2y}{6}$

$=\dfrac{-x-5y}{6}=-\dfrac{\mathbf{x+5y}}{\mathbf{6}}$

問3 次の式の計算をせよ。

(1) $2(2x-y)+3(x+2y)$

$=4x-2y+3x+6y$

$=4x+3x-2y+6y$

$=\mathbf{7x+4y}$

(2) $3(2x+y-3)-2(2x+3y+1)$

$=6x+3y-9-4x-6y-2$

$=6x-4x+3y-6y-9-2$

$=\mathbf{2x-3y-11}$

(3) $\dfrac{3}{4}(8a-12b)-\dfrac{2}{5}(10a+15b)$

$=\dfrac{3}{4}\times 8a-\dfrac{3}{4}\times 12b-\dfrac{2}{5}\times 10a-\dfrac{2}{5}\times 15b$

$=6a-9b-4a-6b$

$=6a-4a-9b-6b$

$=\mathbf{2a-15b}$

(4) $x+y-\dfrac{x-2y}{3}$

$=\dfrac{3(x+y)}{3}-\dfrac{x-2y}{3}$

$=\dfrac{3(x+y)-(x-2y)}{3}$

$=\dfrac{3x+3y-x+2y}{3}$

$=\dfrac{\mathbf{2x+5y}}{\mathbf{3}}$

(5) $\dfrac{3x+5y}{3}+\dfrac{x-2y}{2}$

$=\dfrac{2(3x+5y)}{6}+\dfrac{3(x-2y)}{6}$

$=\dfrac{2(3x+5y)+3(x-2y)}{6}$

$=\dfrac{6x+10y+3x-6y}{6}$

$=\dfrac{\mathbf{9x+4y}}{\mathbf{6}}$

(6) $\dfrac{3x-y-5}{2}-\dfrac{x-3y-1}{6}$

$=\dfrac{3(3x-y-5)}{6}-\dfrac{x-3y-1}{6}$

$=\dfrac{3(3x-y-5)-(x-3y-1)}{6}$

$=\dfrac{9x-3y-15-x+3y+1}{6}$

$=\dfrac{8x-14}{6}=\dfrac{2(4x-7)}{6}$

$=\dfrac{\mathbf{4x-7}}{\mathbf{3}}$

例題B 次の式の計算をせよ。

❶ $6a^2b\div(-3ab)^2\times 12ab^2$ （$(-3ab)^2=9a^2b^2$）

$=6a^2b\div 9a^2b^2\times 12ab^2$ （$\div 9a^2b^2$ は $\times\dfrac{1}{9a^2b^2}$）

$=6a^2b\times\dfrac{1}{9a^2b^2}\times 12ab^2$

$=\dfrac{6a^2b\times 12ab^2}{9a^2b^2}$

$=\dfrac{6\times a\times a\times b\times 12\times a\times b\times b}{9\times a\times a\times b\times b}$

$=\mathbf{8ab}$

❷ $(6x^2-2x)\div 2x$ （$6x^2\div 2x$ は $\dfrac{6x^2}{2x}$）

$=\dfrac{6x^2}{2x}-\dfrac{2x}{2x}$ （$\dfrac{2x}{2x}=1$）

$=\mathbf{3x-1}$

［別解］
$(6x^2-2x)\times\dfrac{1}{2x}$
$=6x^2\times\dfrac{1}{2x}-2x\times\dfrac{1}{2x}$
$=3x-1$

問4 次の式の計算をせよ。

(1) $(-2x)\times(-3x)^2$

$=(-2x)\times 9x^2$

$=\mathbf{-18x^3}$

(2) $8x^3\div(-2x^2)$

$=\dfrac{8x^3}{-2x^2}$

$=-\dfrac{8x^3}{2x^2}$

$=\mathbf{-4x}$

(3) $6xy\div 2x\times 3y$

$=\dfrac{6xy\times 3y}{2x}$

$=3y\times 3y$

$=\mathbf{9y^2}$

(4) $(-4a)^2\times(-3a)\div(-24a^2)$

$=16a^2\times(-3a)\div(-24a^2)$

$=\dfrac{16a^2\times 3a}{24a^2}$

$=\mathbf{2a}$

(5) $6x\div(3x)^2\times x$

$=6x\div 9x^2\times x$

$=\dfrac{6x\times x}{9x^2}$

$=\dfrac{\mathbf{2}}{\mathbf{3}}$

(6) $(12a^2-30a)\div 6a$

$=\dfrac{12a^2}{6a}-\dfrac{30a}{6a}$

$=\mathbf{2a-5}$

チャレンジ2 次の計算をせよ。

(1) $(6x^2-3x)\div\dfrac{3}{4}x$

$=(6x^2-3x)\div\dfrac{3x}{4}$

$=(6x^2-3x)\times\dfrac{4}{3x}$

$=3x(2x-1)\times\dfrac{4}{3x}$

$=4(2x-1)=\mathbf{8x-4}$

(2) $\dfrac{3x^2-6x}{2x}$

$=\dfrac{3x^2}{2x}-\dfrac{6x}{2x}$

$=\dfrac{\mathbf{3}}{\mathbf{2}}\mathbf{x-3}$

高校では　分母に文字のある式の計算を学習する。このような式を**分数式**という。

3 式の展開

例題 A 次の式を展開せよ。

❶ $(x+3)(x+4)$
$=x^2+(3+4)x+3\times4$
$=\mathbf{x^2+7x+12}$

❷ $(x+3)(x-3)-(x-3)^2$
$=(x^2-3^2)-(x^2-2\times x\times3+3^2)$
$=(x^2-9)-(x^2-6x+9)$
$=x^2-9-x^2+6x-9$
$=\mathbf{6x-18}$

展開の公式
・$(a+b)^2=a^2+2ab+b^2$　・$(a-b)^2=a^2-2ab+b^2$
・$(a+b)(a-b)=a^2-b^2$　・$(x+a)(x+b)=x^2+(a+b)x+ab$

問 5 次の式を展開せよ。

(1) $(x-4)(x-5)$
$=x^2+(-4-5)x+(-4)\times(-5)$
$=\mathbf{x^2-9x+20}$

(2) $(x-2)(x+5)$
$=x^2+(-2+5)x+(-2)\times5$
$=\mathbf{x^2+3x-10}$

(3) $(x-3)(x+2)$
$=x^2+(-3+2)x+(-3)\times2$
$=\mathbf{x^2-x-6}$

(4) $(x-2y)(x-5y)$
$=x^2+(-2y-5y)x+(-2y)\times(-5y)$
$=\mathbf{x^2-7xy+10y^2}$

(5) $(3x+4)(3x-4)$
$=(3x)^2-4^2$
$=\mathbf{9x^2-16}$

(6) $(5x+3y)(5x-3y)$
$=(5x)^2-(3y)^2$
$=\mathbf{25x^2-9y^2}$

(7) $(x+5)^2$
$=x^2+2\times x\times5+5^2$
$=\mathbf{x^2+10x+25}$

(8) $(3x-2y)^2$
$=(3x)^2-2\times3x\times2y+(2y)^2$
$=\mathbf{9x^2-12xy+4y^2}$

(9) $(2x+y)^2+(x-2y)^2$
$=(4x^2+4xy+y^2)+(x^2-4xy+4y^2)$
$=4x^2+x^2+4xy-4xy+y^2+4y^2$
$=\mathbf{5x^2+5y^2}$

(10) $(x-2)(x+8)-(x-4)(x+4)$
$=(x^2+6x-16)-(x^2-16)$
$=x^2+6x-16-x^2+16$
$=\mathbf{6x}$

例題 B $(a+b+3)(a+b+4)$ を展開せよ。

解　$a+b=A$ とおくと
$(a+b+3)(a+b+4)=(A+3)(A+4)$
$=A^2+7A+12$　…①
ここで，$A=a+b$ に戻すと，①は
$(a+b)^2+7(a+b)+12$
$=\mathbf{a^2+2ab+b^2+7a+7b+12}$

問 6 次の式を展開せよ。

(1) $(x+y+1)(x+y+2)$
$x+y=A$ とおくと，与式は
$(A+1)(A+2)$
$=A^2+3A+2$
$=(x+y)^2+3(x+y)+2$　（ここで，$A=x+y$ に戻すと）
$=\mathbf{x^2+2xy+y^2+3x+3y+2}$

(2) $(x+y+3)(x+y-3)$
$x+y=A$ とおくと，与式は
$(A+3)(A-3)$
$=A^2-9$
$=(x+y)^2-9$　（ここで，$A=x+y$ に戻すと）
$=\mathbf{x^2+2xy+y^2-9}$

(3) $(x+y+1)^2$
$x+y=A$ とおくと，与式は
$(A+1)^2$
$=A^2+2A+1$
$=(x+y)^2+2(x+y)+1$　（ここで，$A=x+y$ に戻すと）
$=\mathbf{x^2+2xy+y^2+2x+2y+1}$

(4) $(x-y+2)(x-y-2)$
$x-y=A$ とおくと，与式は
$(A+2)(A-2)$
$=A^2-4$
$=(x-y)^2-4$　（ここで，$A=x-y$ に戻すと）
$=\mathbf{x^2-2xy+y^2-4}$

チャレンジ 3 次の式を展開せよ。

$(a+b)(a^2-ab+b^2)$
$=a(a^2-ab+b^2)+b(a^2-ab+b^2)$
$=a^3-a^2b+ab^2+a^2b-ab^2+b^3$
$=\mathbf{a^3+b^3}$

アドバイス
分配法則をていねいに利用していく。

高校では 中学で学習した展開の公式のほかに，次のような**3次の公式**も学習する。
$(a+b)^3=a^3+3a^2b+3ab^2+b^3$，$(a-b)^3=a^3-3a^2b+3ab^2-b^3$

4 因数分解

例題A 次の式を因数分解せよ。

❶ $\underset{5xy\times x}{5x^2y}-\underset{5xy\times 2y}{10xy^2}=\boldsymbol{5xy(x-2y)}$

❷ $\underset{(3x)^2}{9x^2}-\underset{2\times 3x\times 1}{6x}+\underset{1^2}{1}=\boldsymbol{(3x-1)^2}$

❸ $\underset{(2x)^2}{4x^2}-\underset{5^2}{25}=\boldsymbol{(2x+5)(2x-5)}$

❹ $x^2+\underset{2+3}{5}x+\underset{2\times 3}{6}=\boldsymbol{(x+2)(x+3)}$

因数分解の公式
・$ma+mb=m(a+b)$　・$a^2+2ab+b^2=(a+b)^2$　・$a^2-2ab+b^2=(a-b)^2$
・$a^2-b^2=(a+b)(a-b)$　・$x^2+(a+b)x+ab=(x+a)(x+b)$

問7 次の式を因数分解せよ。

(1) $ax+a$
$=a\times x+a\times 1$
$=\boldsymbol{a(x+1)}$

(2) $6a^2b-4ab^2+2ab$
$=2ab\times 3a-2ab\times 2b+2ab\times 1$
$=\boldsymbol{2ab(3a-2b+1)}$

(3) $x^2+8x+16$
$=x^2+2\times x\times 4+4^2$
$=\boldsymbol{(x+4)^2}$

(4) $4x^2-12x+9$
$=(2x)^2-2\times 2x\times 3+3^2$
$=\boldsymbol{(2x-3)^2}$

(5) $9x^2-16$
$=(3x)^2-4^2$
$=\boldsymbol{(3x+4)(3x-4)}$

(6) $16x^2-y^2$
$=(4x)^2-y^2$
$=\boldsymbol{(4x+y)(4x-y)}$

(7) $x^2+8x+15$
$=x^2+(3+5)x+3\times 5$
$=\boldsymbol{(x+3)(x+5)}$

(8) $a^2-7a+10$
$=a^2+(-2-5)a+(-2)\times(-5)$
$=\boldsymbol{(a-2)(a-5)}$

(9) x^2-2x-3
$=x^2+(1-3)x+1\times(-3)$
$=\boldsymbol{(x+1)(x-3)}$

(10) $x^2+xy-6y^2$
$=x^2+(3y-2y)x+3y\times(-2y)$
$=\boldsymbol{(x+3y)(x-2y)}$

例題B 次の式を因数分解せよ。

❶ $2x^3-8x$
$=2x(x^2-4)$　（共通因数 $2x$ でくくる）
$=\boldsymbol{2x(x+2)(x-2)}$　（x^2-4 を因数分解する）

❷ $(a+b)^2-4(a+b)+4$
$a+b=X$ とおくと，与式は
X^2-4X+4
$=(X-2)^2$
$=\boldsymbol{(a+b-2)^2}$　（$X=a+b$ に戻す）

問8 次の式を因数分解せよ。

(1) $3x^2+12x+12$
$=3(x^2+4x+4)$
$=\boldsymbol{3(x+2)^2}$

(2) $20x^2-5y^2$
$=5(4x^2-y^2)$
$=\boldsymbol{5(2x+y)(2x-y)}$

(3) $ax^2-6ax-16a$
$=a(x^2-6x-16)$
$=\boldsymbol{a(x+2)(x-8)}$

(4) $3ax^2-30ax+63a$
$=3a(x^2-10x+21)$
$=\boldsymbol{3a(x-3)(x-7)}$

(5) $-4x^2+24xy-36y^2$
$=-4(x^2-6xy+9y^2)$
$=\boldsymbol{-4(x-3y)^2}$

(6) $(a+b)^2+6(a+b)+9$
$a+b=X$ とおくと，与式は
X^2+6X+9
$=(X+3)^2$
$=\boldsymbol{(a+b+3)^2}$

(7) $(x-y)^2-9$
$x-y=X$ とおくと，与式は
X^2-9
$=(X+3)(X-3)$
$=\boldsymbol{(x-y+3)(x-y-3)}$

(8) $(x+y)^2+8(x+y)+12$
$x+y=X$ とおくと，与式は
$X^2+8X+12$
$=(X+2)(X+6)$
$=\boldsymbol{(x+y+2)(x+y+6)}$

チャレンジ4 次の式を因数分解せよ。

(1) $a(x+y)-bx-by$
$=a(x+y)-b(x+y)$
$x+y=X$ とおくと，与式は
$aX-bX$
$=X(a-b)$
$=\boldsymbol{(x+y)(a-b)}$

(2) $xy-y-3x+3$
$=y(x-1)-3(x-1)$
$x-1=X$ とおくと，与式は
$yX-3X$
$=X(y-3)$
$=\boldsymbol{(x-1)(y-3)}$

アドバイス
共通因数がみつかるように，式を変形する。

高校では 3次式の因数分解や4次式の因数分解も学習する。

检

5 平方根の計算

例題A 次の計算をせよ。

❶ $5\sqrt{2}-\sqrt{8}$
$=5\sqrt{2}-2\sqrt{2}$
$=(5-2)\sqrt{2}$
$=3\sqrt{2}$

（$\sqrt{8}=\sqrt{4}\times\sqrt{2}=2\sqrt{2}$）

❷ $\sqrt{50}-\dfrac{8}{\sqrt{2}}$ ← $\dfrac{8}{\sqrt{2}}$ の分母と分子に $\sqrt{2}$ を掛ける
$=5\sqrt{2}-\dfrac{8\times\sqrt{2}}{\sqrt{2}\times\sqrt{2}}$
$=5\sqrt{2}-4\sqrt{2}$
$=\sqrt{2}$

（$\dfrac{8\sqrt{2}}{2}=4\sqrt{2}$）

平方根の計算法則（$a>0$，$b>0$ のとき）
・$(\sqrt{a})^2=\sqrt{a^2}=a$　・$\sqrt{a^2b}=a\sqrt{b}$　・$\sqrt{a}\times\sqrt{b}=\sqrt{ab}$　・$\dfrac{\sqrt{a}}{\sqrt{b}}=\sqrt{\dfrac{a}{b}}$

問9 次の計算をせよ。

(1) $\sqrt{12}+\sqrt{27}$
$=2\sqrt{3}+3\sqrt{3}$
$=(2+3)\sqrt{3}$
$=5\sqrt{3}$

（$\sqrt{12}=\sqrt{4}\times\sqrt{3}$，$\sqrt{27}=\sqrt{9}\times\sqrt{3}$）

(2) $\sqrt{1}+\sqrt{2}+\sqrt{4}+\sqrt{8}$
$=1+\sqrt{2}+2+2\sqrt{2}$
$=(1+2)+(1+2)\sqrt{2}$
$=3+3\sqrt{2}$

(3) $3\sqrt{2}\times\sqrt{40}$
$=3\sqrt{2}\times2\sqrt{10}$
$=6\sqrt{20}$
$=6\times2\sqrt{5}$
$=12\sqrt{5}$

(4) $\sqrt{48}\div3\sqrt{2}\times\sqrt{6}$
$=4\sqrt{3}\times\dfrac{1}{3\sqrt{2}}\times\sqrt{6}$
$=\dfrac{4\sqrt{3}\times\sqrt{3}\times\sqrt{2}}{3\sqrt{2}}$
$=\dfrac{4\times3}{3}$
$=4$

（$\sqrt{48}=\sqrt{16}\times\sqrt{3}=4\sqrt{3}$，$\sqrt{6}=\sqrt{3}\times\sqrt{2}$）

(5) $2\sqrt{7}\times\sqrt{14}\div\sqrt{12}$
$=2\sqrt{7}\times\sqrt{14}\div2\sqrt{3}$
$=2\sqrt{7}\times\sqrt{7\times2}\times\dfrac{1}{2\sqrt{3}}$
$=2\times\sqrt{7}\times\sqrt{7}\times\sqrt{2}\times\dfrac{1}{2\sqrt{3}}$
$=14\sqrt{2}\times\dfrac{\sqrt{3}}{6}$
$=\dfrac{7\sqrt{6}}{3}$

（$\dfrac{1\times\sqrt{3}}{2\sqrt{3}\times\sqrt{3}}=\dfrac{\sqrt{3}}{6}$）

(6) $\sqrt{5}+\dfrac{10}{\sqrt{5}}$
$=\sqrt{5}+\dfrac{10\times\sqrt{5}}{\sqrt{5}\times\sqrt{5}}$
$=\sqrt{5}+\dfrac{10\sqrt{5}}{5}$
$=\sqrt{5}+2\sqrt{5}$
$=(1+2)\sqrt{5}$
$=3\sqrt{5}$

(7) $\sqrt{2}-\dfrac{1}{\sqrt{8}}$
$=\sqrt{2}-\dfrac{1}{2\sqrt{2}}$
$=\sqrt{2}-\dfrac{\sqrt{2}}{4}$
$=\dfrac{4\sqrt{2}}{4}-\dfrac{\sqrt{2}}{4}$
$=\dfrac{3\sqrt{2}}{4}$

（$\dfrac{1\times\sqrt{2}}{2\sqrt{2}\times\sqrt{2}}=\dfrac{\sqrt{2}}{4}$）

(8) $\dfrac{\sqrt{10}}{\sqrt{5}}-\dfrac{1}{\sqrt{2}}+\sqrt{8}$
$=\sqrt{2}-\dfrac{\sqrt{2}}{2}+2\sqrt{2}$
$=\left(1-\dfrac{1}{2}+2\right)\sqrt{2}$
$=\dfrac{5}{2}\sqrt{2}$

（$\dfrac{\sqrt{10}}{\sqrt{5}}=\sqrt{\dfrac{10}{5}}=\sqrt{2}$，$\dfrac{1\times\sqrt{2}}{\sqrt{2}\times\sqrt{2}}=\dfrac{\sqrt{2}}{2}$）

例題B 次の計算をせよ。

❶ $(3\sqrt{2}+1)(3\sqrt{2}-1)$
$=(3\sqrt{2})^2-1^2$
$=18-1$
$=17$

（展開の公式の利用）

❷ $(\sqrt{3}+\sqrt{2})^2-(\sqrt{3}-\sqrt{2})^2$
$=\{(\sqrt{3})^2+2\times\sqrt{3}\times\sqrt{2}+(\sqrt{2})^2\}$
$\quad-\{(\sqrt{3})^2-2\times\sqrt{3}\times\sqrt{2}+(\sqrt{2})^2\}$
$=(3+2\sqrt{6}+2)-(3-2\sqrt{6}+2)$
$=(5+2\sqrt{6})-(5-2\sqrt{6})$
$=4\sqrt{6}$

問10 次の計算をせよ。

(1) $(\sqrt{3}+1)^2$
$=(\sqrt{3})^2+2\times\sqrt{3}\times1+1^2$
$=3+2\sqrt{3}+1$
$=4+2\sqrt{3}$

(2) $(3+\sqrt{5})(3-\sqrt{5})$
$=3^2-(\sqrt{5})^2$
$=9-5$
$=4$

(3) $(5-2\sqrt{6})(5+2\sqrt{6})$
$=5^2-(2\sqrt{6})^2$
$=25-24$
$=1$

(4) $(\sqrt{2}-2)(\sqrt{2}+1)$
$=(\sqrt{2})^2+(-2+1)\sqrt{2}+(-2)\times1$
$=2-\sqrt{2}-2$
$=-\sqrt{2}$

(5) $(\sqrt{2}+1)^2+(\sqrt{2}-1)^2$
$=\{(\sqrt{2})^2+2\times\sqrt{2}\times1+1^2\}$
$\quad+\{(\sqrt{2})^2-2\times\sqrt{2}\times1+1^2\}$
$=(2+2\sqrt{2}+1)+(2-2\sqrt{2}+1)$
$=(3+2\sqrt{2})+(3-2\sqrt{2})$
$=6$

(6) $(\sqrt{6}+1)^2-(\sqrt{3}-2)^2$
$=\{(\sqrt{6})^2+2\times\sqrt{6}\times1+1^2\}$
$\quad-\{(\sqrt{3})^2-2\times\sqrt{3}\times2+2^2\}$
$=(6+2\sqrt{6}+1)-(3-4\sqrt{3}+4)$
$=(7+2\sqrt{6})-(7-4\sqrt{3})$
$=2\sqrt{6}+4\sqrt{3}$

チャレンジ5 $\sqrt{2}$ の小数部分を a とするとき
$(a+1)(a-1)$
の値を求めよ。

解 $1<\sqrt{2}<2$ より $\sqrt{2}$ の整数部分は1なので，$a=\sqrt{2}-1$ とおける。
$a=\sqrt{2}-1$ を代入すると
$(a+1)(a-1)=\{(\sqrt{2}-1)+1\}\{(\sqrt{2}-1)-1\}$
$=\sqrt{2}(\sqrt{2}-2)$
$=\sqrt{2}\times\sqrt{2}-\sqrt{2}\times2$
$=2-2\sqrt{2}$

答 $2-2\sqrt{2}$

アドバイス
$\sqrt{2}=1.414\cdots\cdots$ なので，
$\sqrt{2}$ の小数部分 a は
$0.414\cdots\cdots$
すなわち，$\sqrt{2}-1$ である。

高校では $\sqrt{2}$ のような数を**無理数**といい，その性質について学習する。

6 式の計算の利用

例題A $x=\sqrt{3}+2$ のとき，次の式の値を求めよ。

❶ x^2-4
$=(x-2)(x+2)$　（因数分解の公式の利用）
$=\{(\sqrt{3}+2)-2\}\{(\sqrt{3}+2)+2\}$　（$x=\sqrt{3}+2$ を代入）
$=\sqrt{3}(\sqrt{3}+4)$　（{ }内を計算）
$=3+4\sqrt{3}$

答 $3+4\sqrt{3}$

❷ x^2-4x+4
$=(x-2)^2$
$=\{(\sqrt{3}+2)-2\}^2$
$=(\sqrt{3})^2$
$=3$

答 3

問11 次の問いに答えよ。

(1) 次の計算をくふうしてせよ。

① 98^2-2^2
$=(98+2)(98-2)$　（$a^2-b^2=(a+b)(a-b)$）
$=100\times96$
$=9600$

② 99.8×100.2
$=(100-0.2)(100+0.2)$　（$(a-b)(a+b)=a^2-b^2$）
$=100^2-0.2^2$
$=10000-0.04$
$=9999.96$

(2) $a=3.14$，$b=2.14$ のとき，$a^2-2ab+b^2$ の値を求めよ。

解 $a^2-2ab+b^2=(a-b)^2$
$=(3.14-2.14)^2$
$=1^2=1$

答 1

(3) $x=\sqrt{5}-1$ のとき，x^2+2x の値を求めよ。

解 $x^2+2x=x(x+2)$
$=(\sqrt{5}-1)\{(\sqrt{5}-1)+2\}$
$=(\sqrt{5}-1)(\sqrt{5}+1)$
$=(\sqrt{5})^2-1^2$
$=5-1=4$

答 4

(4) $x=\sqrt{3}+\sqrt{2}$，$y=\sqrt{3}-\sqrt{2}$ のとき，$x^2+2xy+y^2$ の値を求めよ。

解 $x^2+2xy+y^2=(x+y)^2$
$=\{(\sqrt{3}+\sqrt{2})+(\sqrt{3}-\sqrt{2})\}^2$
$=(2\sqrt{3})^2$
$=12$

答 12

例題B 奇数の2乗から1を引いた数は4の倍数になる。このことを証明せよ。

証明 n を整数とすると，奇数は $2n-1$ と表される。　（偶数は $2n$ と表すことができる）
この2乗から1を引くと
$(2n-1)^2-1=(4n^2-4n+1)-1$
$=4n^2-4n$
$=4(n^2-n)$
ここで，n^2-n は整数であるので，$4(n^2-n)$ は4の倍数になる。 終

問12 連続した2つの奇数の2乗の差は8の倍数になる。このことを，次のように証明した。
□にあてはまる式や数を求めよ。

証明 n を整数とする。小さいほうの奇数を $2n-1$ とすると，大きいほうの奇数は
$(2n-1)+2=2n+$ **1** と表される。
この2数を2乗して，差を求めると
$(2n+1)^2-($ **$2n-1$** $)^2=(4n^2+4n+1)-($ **$4n^2-4n+1$** $)$
$=$ **$8n$**
したがって，連続した2つの奇数の2乗の差は，8の倍数になる。 終

問13 連続する3つの整数の和は3の倍数になる。このことを証明せよ。

証明 n を整数とすると，連続する3つの整数は $n-1$，n，$n+1$ と表されるので
これらの和は
$(n-1)+n+(n+1)$
$=3n$
したがって，連続する3つの整数の和は，3の倍数になる。 終

チャレンジ6 $x+y=2\sqrt{3}$，$xy=2$ のとき，次の式の値を求めよ。

(1) $x^2+2xy+y^2$
$=(x+y)^2$
$=(2\sqrt{3})^2$
$=12$

答 12

(2) x^2+y^2
$=x^2+2xy+y^2-2xy$　（$(x+y)^2=x^2+2xy+y^2$）
$=(x+y)^2-2xy$
$=(2\sqrt{3})^2-2\times2$
$=12-4$
$=8$

答 8

アドバイス
・$x^2+2xy+y^2=(x+y)^2$
・$x^2+y^2=(x+y)^2-2xy$
を利用して計算する。

高校では チャレンジ6のような式の値以外に，$\frac{1}{x}+\frac{1}{y}$ や x^3+y^3 などの値を求めることも学習する。

7 1次方程式

例題A 次の1次方程式を解け。

❶ $3(x+2)=x-3$
$3x+6=x-3$ （まず，かっこをはずす）
$3x-x=-3-6$ （次に，移項して同類項を整理する）
$2x=-9$
$x=-\frac{9}{2}$ （両辺を2で割る）

❷ $\frac{1}{2}x+2=\frac{2}{3}$
$6\left(\frac{1}{2}x+2\right)=6\times\frac{2}{3}$ （分母の最小公倍数6を両辺に掛ける）
$3x+12=4$
$3x=4-12$
$3x=-8$
$x=-\frac{8}{3}$

問14 次の1次方程式を解け。

(1) $2(x+1)=3(x-2)$

解 $2x+2=3x-6$
$2x-3x=-6-2$
$-x=-8$
$x=8$

(2) $x+3(x+2)=2(x-3)$

解 $x+3x+6=2x-6$
$x+3x-2x=-6-6$
$2x=-12$
$x=-6$

(3) $2x-3=7x-(x-8)$

解 $2x-3=7x-x+8$
$2x-7x+x=8+3$
$-4x=11$
$x=-\frac{11}{4}$

(4) $\frac{1}{2}x+1=\frac{3}{4}x-\frac{3}{2}$

解 $4\left(\frac{1}{2}x+1\right)=4\left(\frac{3}{4}x-\frac{3}{2}\right)$
$2x+4=3x-6$
$2x-3x=-6-4$
$-x=-10$
$x=10$

(5) $\frac{2}{3}x-\frac{1}{2}=\frac{1}{6}x+2$

解 $6\left(\frac{2}{3}x-\frac{1}{2}\right)=6\left(\frac{1}{6}x+2\right)$ （3，2，6の最小公倍数が6なので両辺に6を掛ける）
$4x-3=x+12$
$4x-x=12+3$
$3x=15$
$x=5$

(6) $1-\frac{x-2}{6}=3-\frac{x}{2}$

解 $6\left(1-\frac{x-2}{6}\right)=6\left(3-\frac{x}{2}\right)$
$6-(x-2)=18-3x$
$6-x+2=18-3x$
$-x+3x=18-6-2$
$2x=10$
$x=5$

例題B 10％の食塩水が100gある。これを水でうすめて8％の食塩水にするには，水を何g加えたらよいか。

解 加える水の量をxgとおくと，うすめても食塩の量は変わらないから （求める値をxとおく）
$0.1\times100=0.08(100+x)$ （食塩の量を求める式をつくり＝で結ぶ）（問題文から方程式をつくる）
両辺に100を掛けて （小数を整数にするような数を両辺に掛ける）
$10\times100=8(100+x)$
$1000=800+8x$
$-8x=800-1000$
$-8x=-200$
$x=25$

答 25g

問15 4km離れた駅へ行くのに，はじめは分速60mの速さで歩いたが，途中から分速100mで走ると，全部で50分かかった。分速100mで走った時間は何分間か。

解 走った時間をx分間とすると，歩いた時間は$(50-x)$分間である。
よって，走った距離は$100x$m，歩いた距離は$60(50-x)$mとなる。 （距離＝速さ×時間）
距離の合計が4kmだから
$60(50-x)+100x=4000$ （4kmは$4\times1000=4000$(m)）
$3000-60x+100x=4000$
$-60x+100x=4000-3000$
$40x=1000$
$x=25$

答 25分間

チャレンジ7 $|x-1|=5$となるxの値を求めよ。

解 $|a|=5$となるのは$a=5$，-5のとき。
$|5|=5$より
$x-1=5$
$x=6$
$|-5|=5$より
$x-1=-5$
$x=-4$

答 $x=6$，$x=-4$

アドバイス

$|a|$をaの**絶対値**といい，原点から座標aまでの距離を表す。
たとえば，座標3と-3の点は，原点からの距離がともに3なので，
$|3|=3$，　$|-3|=3$

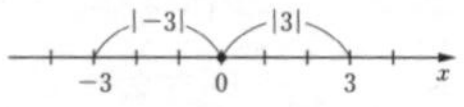

高校では　チャレンジ7のような**絶対値を含んだ方程式**の解法を学習する。

8 連立方程式

例題A 次の連立方程式を解け。

❶ $\begin{cases} x+y=5 & \cdots\cdots① \\ y=2x-1 & \cdots\cdots② \end{cases}$

解 ②を①に代入して

$x+2x-1=5$

$3x=6$

$x=2 \quad \cdots\cdots③$

③を②に代入して

$y=2\times2-1=3$

答 $x=2,\ y=3$

❷ $\begin{cases} x+2y=4 & \cdots\cdots① \\ 2x+y=5 & \cdots\cdots② \end{cases}$

解 ②×2　$4x+2y=10 \quad \cdots\cdots③$

①，③で y の係数が等しくなったので

①−③

$x+2y=4$

$-)\ 4x+2y=10$

$-3x \quad =-6$

$x=2 \quad \cdots\cdots④$

④を②に代入して

$2\times2+y=5$

$4+y=5$

$y=1$

答 $x=2,\ y=1$

問16 次の連立方程式を解け。

(1) $\begin{cases} x+3y=1 & \cdots\cdots① \\ y=-2x+7 & \cdots\cdots② \end{cases}$

解 ②を①に代入して

$x+3(-2x+7)=1$

$x-6x+21=1$

$-5x=-20$

$x=4 \quad \cdots\cdots③$

③を②に代入して

$y=-2\times4+7$

$=-8+7=-1$

答 $x=4,\ y=-1$

(2) $\begin{cases} 2x+3y=3 & \cdots\cdots① \\ y=x-4 & \cdots\cdots② \end{cases}$

解 ②を①に代入して

$2x+3(x-4)=3$

$2x+3x-12=3$

$5x=15$

$x=3 \quad \cdots\cdots③$

③を②に代入して

$y=3-4=-1$

答 $x=3,\ y=-1$

(3) $\begin{cases} 3x-2y=-8 & \cdots\cdots① \\ x+y=-1 & \cdots\cdots② \end{cases}$

解 ②×2　$2x+2y=-2 \quad \cdots\cdots③$

①+③

$3x-2y=-8$

$+)\ 2x+2y=-2$

$5x \quad =-10$

$x=-2 \quad \cdots\cdots④$

④を②に代入して

$-2+y=-1$

$y=-1+2=1$

答 $x=-2,\ y=1$

(4) $\begin{cases} 2x+3y=7 & \cdots\cdots① \\ 3x-2y=-9 & \cdots\cdots② \end{cases}$

解 ①×2　$4x+6y=14 \quad \cdots\cdots③$

②×3　$9x-6y=-27 \quad \cdots\cdots④$

③+④

$13x=-13$

$x=-1 \quad \cdots\cdots⑤$

⑤を①に代入して

$-2+3y=7$

$3y=9$

$y=3$

答 $x=-1,\ y=3$

例題B 連立方程式 $\begin{cases} ax-2y=3 & \cdots\cdots① \\ x+by=5 & \cdots\cdots② \end{cases}$ を満たす解が $x=1,\ y=2$ であるとき，定数 a，b の値をそれぞれ求めよ。

解 $x=1,\ y=2$ を①に代入して

$a-2\times2=3$

$a-4=3$

$a=7$

②にも代入して

$1+2b=5$

$2b=4$

$b=2$

答 $a=7,\ b=2$

問17 連立方程式 $\begin{cases} ax+by=5 & \cdots\cdots① \\ bx+3y=3 & \cdots\cdots② \end{cases}$ の解が $x=2,\ y=-1$ であるとき，定数 a，b の値をそれぞれ求めよ。

解 $x=2,\ y=-1$ を①に代入して

$2a-b=5 \quad \cdots\cdots③$

②にも代入して

$2b-3=3$

$2b=6$

$b=3 \quad \cdots\cdots④$

④を③に代入して

$2a-3=5$

$2a=8$

$a=4$

答 $a=4,\ b=3$

チャレンジ8 次の連立方程式を解け。

$\begin{cases} x+y=3 & \cdots\cdots① \\ y+z=4 & \cdots\cdots② \\ z+x=5 & \cdots\cdots③ \end{cases}$

アドバイス
2組の式から1文字を消去することを考える。

解 ②−③

$y+z=4$

$-)\ z+x=5$

$y-x=-1$

$x-y=1 \quad \cdots\cdots④$

よって $\begin{cases} x+y=3 & \cdots\cdots① \\ x-y=1 & \cdots\cdots④ \end{cases}$

①+④

$x+y=3$

$+)\ x-y=1$

$2x \quad =4$

$x=2 \quad \cdots\cdots⑤$

⑤を①に代入して

$2+y=3$

$y=1$

$y=1$ を②に代入して

$1+z=4$

$z=3$

答 $x=2,\ y=1,\ z=3$

高校では 3つの文字の連立方程式や，2次方程式を含んだ連立方程式の解法を学習する。

9 2次方程式

例題A 次の2次方程式を解け。

❶ $x^2-x-6=0$

解 左辺を因数分解すると　$-1=2-3$, $-6=2\times(-3)$

$(x+2)(x-3)=0$　　$AB=0$ のとき $A=0$ または $B=0$

$x+2=0,\ x-3=0$

$\boldsymbol{x=-2,\ x=3}$

❷ $3x^2-2x-7=0$

解 解の公式より

$$x=\frac{-(-2)\pm\sqrt{(-2)^2-4\times3\times(-7)}}{2\times3}=\frac{2\pm\sqrt{4+84}}{6}=\frac{2\pm\sqrt{88}}{6}=\frac{2\pm2\sqrt{22}}{6}=\frac{1\pm\sqrt{22}}{3}$$

問18 次の2次方程式を解け。

(1) $x^2-2x-8=0$

解 左辺を因数分解すると　$-2=2-4$, $-8=2\times(-4)$

$(x+2)(x-4)=0$

$x+2=0,\ x-4=0$

$\boldsymbol{x=-2,\ x=4}$

(2) $9x^2-6x+1=0$

解 左辺を因数分解すると　$9x^2=(3x)^2$, $-6x=-2\times3x\times1$

$(3x-1)^2=0$

$3x-1=0$

$3x=1$

$\boldsymbol{x=\frac{1}{3}}$

(3) $x^2-49=0$

解 左辺を因数分解すると

$(x+7)(x-7)=0$

$x+7=0,\ x-7=0$

$\boldsymbol{x=-7,\ x=7}$

(4) $\frac{1}{2}x^2+\frac{3}{2}x+1=0$

解 両辺に2を掛けて

$x^2+3x+2=0$　　(右辺)$=0\times2=0$

左辺を因数分解すると

$(x+1)(x+2)=0$

$x+1=0,\ x+2=0$

$\boldsymbol{x=-1,\ x=-2}$

(5) $x^2+7x+5=0$

解 解の公式より

$$x=\frac{-7\pm\sqrt{7^2-4\times1\times5}}{2\times1}=\frac{-7\pm\sqrt{49-20}}{2}=\frac{-7\pm\sqrt{29}}{2}$$

(6) $2x^2-5x-1=0$

解 解の公式より

$$x=\frac{-(-5)\pm\sqrt{(-5)^2-4\times2\times(-1)}}{2\times2}=\frac{5\pm\sqrt{25+8}}{4}=\frac{5\pm\sqrt{33}}{4}$$

(7) $x^2+4x-2=0$

解 解の公式より

$$x=\frac{-4\pm\sqrt{4^2-4\times1\times(-2)}}{2\times1}=\frac{-4\pm\sqrt{16+8}}{2}=\frac{-4\pm\sqrt{24}}{2}=\frac{-4\pm2\sqrt{6}}{2}=-2\pm\sqrt{6}$$

約分する

(8) $2x^2+5x-3=0$

解 解の公式より

$$x=\frac{-5\pm\sqrt{5^2-4\times2\times(-3)}}{2\times2}=\frac{-5\pm\sqrt{49}}{4}=\frac{-5\pm7}{4}$$

よって　$\boldsymbol{x=\frac{1}{2},\ x=-3}$

例題B 2次方程式 $x^2+ax+8=0$ の解の1つが2のとき，a の値を求めよ。また，残りの解も求めよ。

解 $x^2+ax+8=0$　……①

に $x=2$ を代入すると

$2^2+a\times2+8=0$

$4+2a+8=0$

$2a=-12$

$a=-6$　……②

②を①に代入すると，方程式は

$x^2-6x+8=0$

左辺を因数分解して

$(x-4)(x-2)=0$

$x=4,\ x=2$

よって，残りの解は　$x=4$

答 $\boldsymbol{a=-6}$，残りの解は $\boldsymbol{x=4}$

問19 2次方程式 $x^2+ax+b=0$ の解が5と-3のとき，定数 a，b の値をそれぞれ求めよ。

解 $x^2+ax+b=0$　……①

$x=5$ を①に代入して

$5^2+5a+b=0$

$5a+b=-25$　……②

$x=-3$ を①に代入して

$(-3)^2-3a+b=0$

$-3a+b=-9$　……③

②−③

$5a+b=-25$

$-)\ -3a+b=-9$

$8a=-16$

$a=-2$　……④

④を②に代入して

$-10+b=-25$

$b=-15$

答 $\boldsymbol{a=-2,\ b=-15}$

チャレンジ9 2次方程式 $(x-1)^2-5(x-1)+6=0$ を解け。

解 $x-1=X$ とおくと，方程式

$(x-1)^2-5(x-1)+6=0$ は

$X^2-5X+6=0$

$(X-2)(X-3)=0$

$X-2=0,\ X-3=0$

$X=2,\ X=3$

ここで，$X=x-1$ より

$x-1=2,\ x-1=3$

$x=2+1,\ x=3+1$

$\boldsymbol{x=3,\ x=4}$

アドバイス
$x-1=X$ とおいて，X の2次式を因数分解して解く。

高校では　3次方程式や4次方程式などの解法も学習する。

10 1次関数

例題 A 次の問いに答えよ。

❶ グラフの傾きが2で，$x=1$ のとき $y=5$ となる1次関数の式を求めよ。また，そのグラフをかけ。

解 1次関数のグラフは直線で，傾き2より，求める1次関数の式は $y=2x+b$ とおける。
（1次関数の式は $y=ax+b$）

これに，$x=1$，$y=5$ を代入して

$5=2\times1+b$

$5=2+b$

$5-2=b$

$b=3$

よって，1次関数の式は

$y=2x+3$

$y=ax+b$ のグラフは，傾きa，切片b

❷ 2点(2, 1)，(4, 5)を通る直線の式を求めよ。

解 直線の式を $y=ax+b$ とおく。

$(\underset{x}{2}, \underset{y}{1})$を代入して，$1=2a+b$

$2a+b=1$ ……①

$(\underset{x}{4}, \underset{y}{5})$を代入して，$5=4a+b$

$4a+b=5$ ……②

①，②の連立方程式を解くと

②−①

$4a+b=5$

$-)\ 2a+b=1$

$2a\quad=4$

$a=2$ ……③

③を①へ代入して

$4+b=1$

$b=-3$

よって，直線の式は

$y=2x-3$

問 20 次の問いに答えよ。

(1) グラフの傾きが -2 で，$x=2$ のとき $y=-7$ となる1次関数の式を求めよ。また，そのグラフをかけ。

解 傾き -2 より，求める1次関数の式は $y=-2x+b$ とおける。

これに，$x=2$，$y=-7$ を代入して

$-7=-2\times2+b$

$-7=-4+b$

$-7+4=b$

$b=-3$

よって，1次関数の式は

$y=-2x-3$

(2) 2点(1, −1)，(−2, 5)を通る直線の式を求めよ。

解 直線の式を $y=ax+b$ とおく。

(1, −1)を代入して，$-1=a\times1+b$

$a+b=-1$ ……①

(−2, 5)を代入して，$5=a\times(-2)+b$

$-2a+b=5$ ……②

①，②の連立方程式を解くと

①−②

$a+b=-1$

$-)\ -2a+b=5$

$3a\quad=-6$

$a=-2$ ……③

③を①に代入して

$-2+b=-1$

$b=1$

よって，直線の式は

$y=-2x+1$

例題 B 方程式 $x+ay+b=0$ のグラフが3点(1, 2)，(3, 5)，(c, 8)を通るとき，a，b，c の値をそれぞれ求めよ。

解 $x+ay+b=0$ ……①

(1, 2)を①に代入して

$1+2a+b=0$ ……②

(3, 5)を①に代入して

$3+5a+b=0$ ……③

②，③の連立方程式を解くと

③−②

$3+5a+b=0$

$-)\ 1+2a+b=0$

$2+3a\quad=0$

$a=-\frac{2}{3}$ ……④

④を②に代入して

$1-\frac{4}{3}+b=0\qquad b=\frac{4}{3}-1=\frac{1}{3}$ ……⑤

④，⑤を①に代入して

$x-\frac{2}{3}y+\frac{1}{3}=0$

これに，(c, 8)を代入して

$c-\frac{2}{3}\times8+\frac{1}{3}=0$

$c=\frac{2}{3}\times8-\frac{1}{3}=\frac{16}{3}-\frac{1}{3}=\frac{15}{3}=5$

答 $a=-\frac{2}{3}$，$b=\frac{1}{3}$，$c=5$

問 21 方程式 $x+ay+b=0$ のグラフが3点(−1, −1)，(3, −3)，(1, c)を通るとき，a，b，c の値をそれぞれ求めよ。

解 $x+ay+b=0$ ……①

(−1, −1)を①に代入して

$-1-a+b=0$

$-a+b=1$ ……②

(3, −3)を①に代入して

$3-3a+b=0$

$-3a+b=-3$ ……③

②，③の連立方程式を解くと

②−③

$-a+b=1$

$-)\ -3a+b=-3$

$2a\quad=4$

$a=2$ ……④

④を②に代入して

$-2+b=1$

$b=3$ ……⑤

④，⑤を①に代入して

$x+2y+3=0$ ……⑥

⑥に，(1, c)を代入して

$1+2c+3=0$

$2c=-4$

$c=-2$

答 $a=2$，$b=3$，$c=-2$

チャレンジ 10 直線 $y=2x+1$ に平行で，点(2, 2)を通る直線の式を求めよ。

解 $y=2x+1$ に平行だから，求める直線の傾きは2となる。

求める直線を $y=2x+b$ とおく。

これに，(2, 2)を代入して

$2=2\times2+b$

$2=4+b\qquad b=-2$

よって，求める直線の式は

$y=2x-2$

アドバイス
平行な直線の傾きは，同じ値である。

高校では チャレンジ⑩のような平行な直線に加えて，垂直な直線についても学習する。

11 関数 $y=ax^2$

例題A **関数 $y=ax^2$ において，$x=1$ のとき $y=2$ であった。このとき，この関数の式を求め，グラフをかけ。**

解 $y=ax^2$ に，$x=1$，$y=2$ を代入して

$2=a\times1^2$

$2=a$

$a=2$

よって，求める関数の式は

$\boldsymbol{y=2x^2}$

問22 次の問いに答えよ。

(1) 関数 $y=ax^2$ において，$x=2$ のとき $y=2$ であった。このとき，この関数の式を求め，グラフをかけ。

解 $y=ax^2$ に

$x=2$，$y=2$ を代入して

$2=a\times2^2$

$2=4a$

$a=\frac{2}{4}=\frac{1}{2}$

よって，求める関数の式は

$\boldsymbol{y=\frac{1}{2}x^2}$

(2) 関数 $y=ax^2$ において，$x=-3$ のとき $y=-9$ であった。このとき，この関数の式を求め，グラフをかけ。

解 $y=ax^2$ に

$x=-3$，$y=-9$ を代入して

$-9=a\times(-3)^2$

$-9=9a$

$a=-1$

よって，求める関数の式は

$\boldsymbol{y=-x^2}$

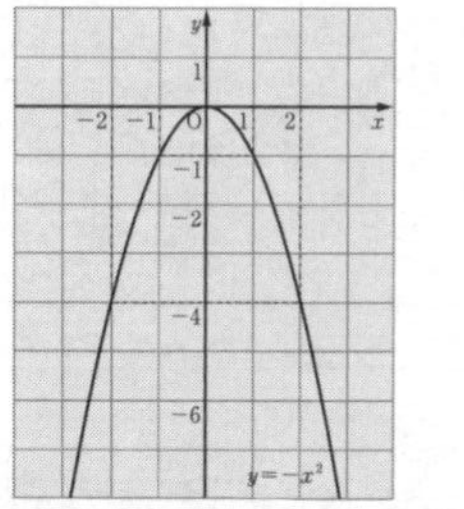
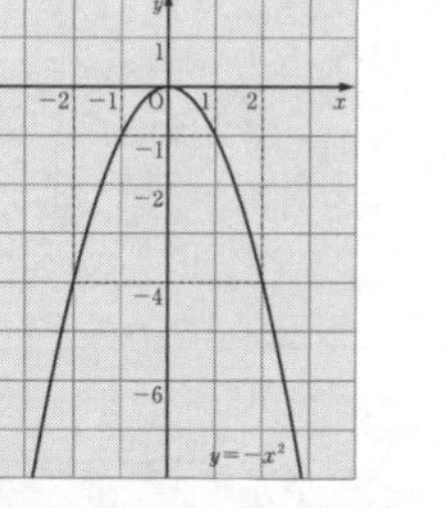

例題B **関数 $y=x^2$ について，x の値が $-1\leqq x\leqq2$ の範囲で変化するとき，y の値が変化する範囲を求めよ。**

（x の変域）（y の変域）

解 $x=-1$ のとき

$y=(-1)^2=1$

$x=2$ のとき

$y=2^2=4$

$-1\leqq x\leqq2$ の範囲に頂点(0, 0)があり，

$x=0$ のとき，$y=0$ である。

よって，y の値の範囲は

$\boldsymbol{0\leqq y\leqq4}$

問23 次の問いに答えよ。

(1) 関数 $y=-x^2$ について，x の変域が $-2\leqq x\leqq1$ のとき，y の変域を求めよ。

解 $y=-x^2$ の $-2\leqq x\leqq1$ におけるグラフは

よって，y の変域は

$\boldsymbol{-4\leqq y\leqq0}$

(2) 関数 $y=\frac{1}{2}x^2$ について，x の変域が $-3\leqq x\leqq2$ のとき，y の変域を求めよ。

解 $y=\frac{1}{2}x^2$ の $-3\leqq x\leqq2$ におけるグラフは

よって，y の変域は　$\boldsymbol{0\leqq y\leqq\frac{9}{2}}$

チャレンジ11 2つの関数 $y=x^2$ と $y=2x+3$ のグラフの交点の座標を求めよ。

解 $\begin{cases} y=x^2 & \cdots\cdots① \\ y=2x+3 & \cdots\cdots② \end{cases}$

として，x，y を求める。

①を②へ代入して

$x^2=2x+3$

$x^2-2x-3=0$

$(x-3)(x+1)=0$

$x-3=0$，$x+1=0$

$x=3$，$x=-1$　……③

③を②へ代入すると

$x=3$ のとき　$y=2\times3+3=9$

$x=-1$ のとき　$y=2\times(-1)+3=1$

よって，交点の座標は

(3, 9)，(−1, 1)

アドバイス

2つの式をともに満たす x，y の値の組が交点の座標となる。連立方程式と考えて，代入して求める。

高校では　$y=2x^2-3x+4$ のような**2次関数**や，**三角関数**などの新しい関数を学習する。

12 合同と相似

例題 A 次の図において，x の値を求めよ。

❶

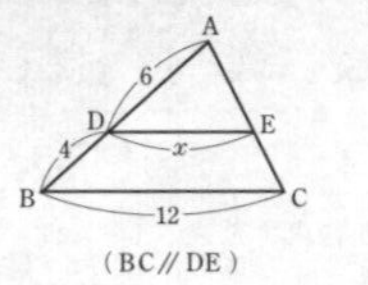

（BC∥DE）

❷ （BC∥DE）

❸ （直線 p, q, r は平行 AB∥DH）

解 BC∥DE より

AD：AB＝DE：BC

なので

$6:10=x:12$

$3:5=x:12$

$5x=3\times12$

$5x=36$

$x=\dfrac{36}{5}$

解 BC∥DE より

AD：AB＝DE：BC

なので

$6:x=9:6$

$6:x=3:2$

$3x=12$

$x=4$

解 p∥q∥r，AB∥DH より

AE＝DF，EB＝FH

なので

DF：FH＝DG：GC

すなわち

$15:10=x:8\sqrt{2}$

$3:2=x:8\sqrt{2}$

$2x=24\sqrt{2}$

$x=12\sqrt{2}$

問 24 次の図において，x の値を求めよ。

(1)

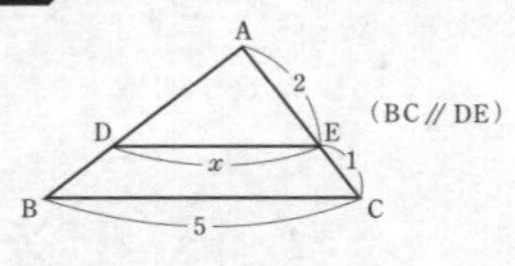

（BC∥DE）

解 AE：AC＝DE：BC なので

$2:3=x:5$

$3x=10$　　$x=\dfrac{10}{3}$

(2) （BC∥DE）

解 BC：DE＝AB：AD なので

$4:12=x:6$

$1:3=x:6$

$3x=6$　　$x=2$

(3) （∠ABC＝∠AED）

解 △ABC∽△AED となり

AB：AC＝AE：AD なので

$10:(x+5)=5:4$

$5(x+5)=40$

$x+5=8$　　$x=3$

(4)

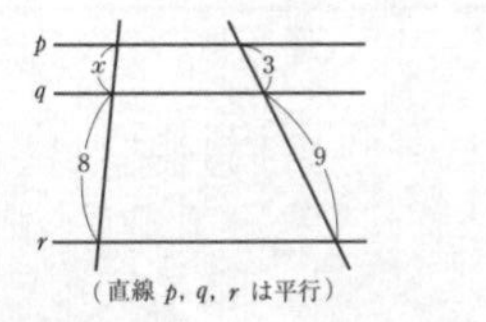
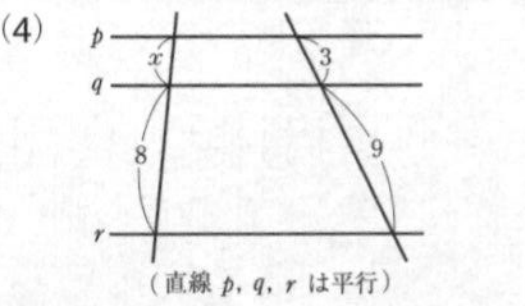

（直線 p, q, r は平行）

解 $x:8=3:9$

$x:8=1:3$

$3x=8$　　$x=\dfrac{8}{3}$

例題 B 右の図において，BC＝DE，∠ABC＝∠ADE ならば，**△ABC と △ADE は合同であることを証明せよ。**

証明 △ABC と △ADE において

仮定より，BC＝DE　　……①

∠ABC＝∠ADE　　……②

∠A が共通　　……③

②，③より，∠ACB＝∠AED　　……④

①，②，④より，1 辺とその両端の角がそれぞれ等しいことから，

△ABC≡△ADE

三角形の合同条件
① 3 辺が等しい
② 2 辺とその間の角が等しい
③ 1 辺とその両端の角が等しい

問 25 四角形 ABCD において，∠BAC＝∠DAC，∠BCA＝∠DCA ならば BC＝DC であることを証明するとき，

(1)　結論を導くためには，どの 2 つの三角形の合同を示せばよいか。

解 **△ABC と △ADC**

(2)　(1)の三角形が合同である条件は，(ア) 3 辺がそれぞれ等しい，(イ) 2 辺とその間の角がそれぞれ等しい，(ウ) 1 辺とその両端の角がそれぞれ等しい，のどれがいえるか。

解 △ABC と △ADC において

仮定より，∠BAC＝∠DAC　……①

∠BCA＝∠DCA　……②

AC は共通　……③

①，②，③より，1 辺とその両端の角がそれぞれ等しいことから

△ABC≡△ADC

よって，(ウ)

問 26 右の図において，AC＝DB，∠ACB＝∠DBC ならば，AB＝DC であることを証明するとき，どの 2 つの三角形の合同を示せばよいか。また，その合同条件は何か。

解 △ABC と △DCB において

仮定より，AC＝DB　……①

∠ACB＝∠DBC　……②

BC は共通　……③

①，②，③より，2 辺とその間の角がそれぞれ等しいことから

△ABC≡△DCB

よって　AB＝DC

答 **△ABC と △DCB** の合同を示せばよい。

その合同条件は，**「2 辺とその間の角がそれぞれ等しい」**である。

チャレンジ 12 右の図において，x の値を求めよ。

ただし，∠BAD＝∠CAD，DA∥CE とする。

解 ∠ACE＝∠CAD＝∠BAD＝∠BEC

より，AE＝AC＝x

また，BA：AE＝BD：DC

よって　$6:x=3:2$

$3x=12$　$x=4$　　答 $x=4$

アドバイス

△ACE は二等辺三角形

高校では　チャレンジ 12 の AB：AC＝BD：DC を，**角の 2 等分線と線分の比の関係**として学習する。

13 円の性質

例題A 右の図において，x の大きさを求めよ。ただし，O は円の中心とする。

解　∠ACB は $\overset{\frown}{AB}$ の円周角なので，その中心角は

$2\times110°=220°$

よって，∠AOB は

$360°-220°=140°$

△OAB は，OA＝OB(円 O の半径)により

二等辺三角形なので，その底角が等しいことから

$x=\frac{1}{2}\times(180°-140°)=\mathbf{20°}$

問27 次の図において，x の大きさを求めよ。ただし，O は円の中心とする。

(1)

解　$x=\frac{1}{2}\times(360°-2\times50°)$

$=\frac{1}{2}\times260°=\mathbf{130°}$

(2)

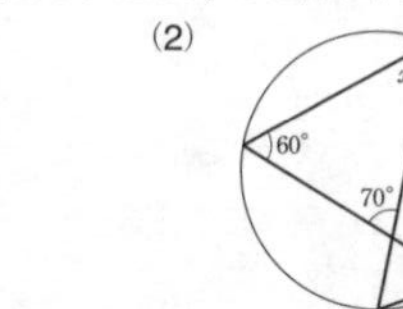

解　$x=180°-(60°+70°)$

$=180°-130°$

$=\mathbf{50°}$

(3)

解　$x=2\times20°+2\times40°$

$=40°+80°=\mathbf{120°}$

(4)

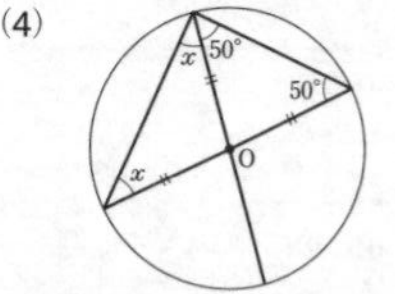

解　$50°+50°+x+x=180°$

$2x=180°-(50°+50°)$

$2x=80°\quad x=\mathbf{40°}$

問28 右の図において，四角形 ABCD は正方形，△EBC は正三角形である。斜線部分の図形の周の長さと面積を求めよ。

解　周の長さは

$\left(2\times\pi\times10\times\frac{60°}{360°}+10\right)\times2=2\left(\frac{10}{3}\pi+10\right)=\frac{20}{3}\pi+20$

面積は

$\left(\pi\times10^2\times\frac{60°}{360°}-\frac{1}{2}\times10\times5\sqrt{3}\right)\times2=\frac{100}{3}\pi-50\sqrt{3}$

答　周の長さ $\frac{20}{3}\pi+20$ cm，面積 $\frac{100}{3}\pi-50\sqrt{3}$ cm²

例題B 右の図において，A，B，C，D，E，F，G，H，I，J，K，L は円 O の周を 12 等分する点である。円 O の半径を 10 cm，OB と AC の交点を M とするとき，次の問いに答えよ。

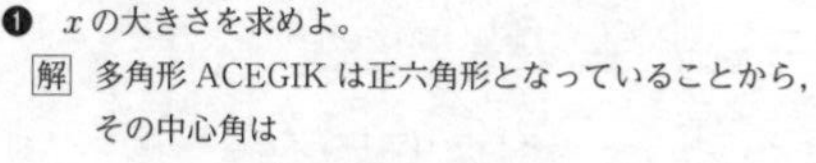

❶ x の大きさを求めよ。

解　多角形 ACEGIK は正六角形となっていることから，その中心角は

$∠AOC=\frac{1}{6}\times360°=60°$

さらに，OA＝OC(円 O の半径)から

△OAC は正三角形なので　$x=60°$

答　**60°**

❷ 線分 CM の長さを求めよ。

解　△OAC は正三角形であることから，

AC＝OC＝10(cm)なので　$CM=\frac{10}{2}=5$

答　**5 cm**

問29 次の図において，x，y の大きさを求めよ。ただし，円周上の点は，それぞれ円周を等分した点である。

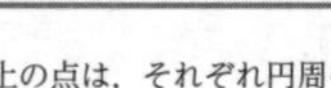

(1)

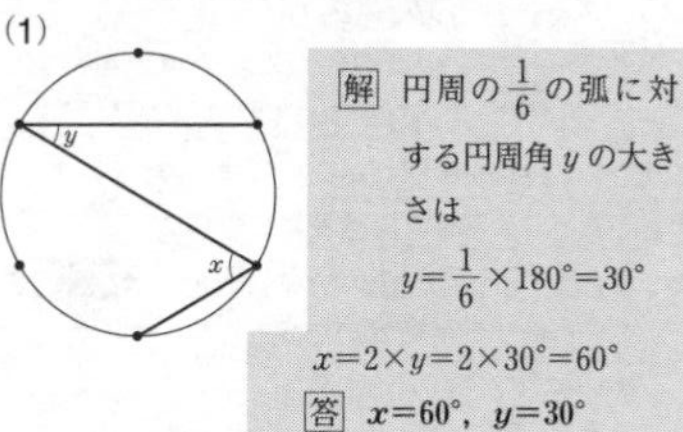

解　円周の $\frac{1}{6}$ の弧に対する円周角 y の大きさは

$y=\frac{1}{6}\times180°=30°$

$x=2\times y=2\times30°=60°$

答　$\mathbf{x=60°,\ y=30°}$

(2)

解　円周の $\frac{1}{8}$ の弧に対する円周角の大きさは

$\frac{1}{8}\times180°=22.5°$

$x=3\times22.5°$

$=67.5°$

$y=22.5°+90°$

$=112.5°$

答　$\mathbf{x=67.5°,\ y=112.5°}$

チャレンジ13 右の図において，x の大きさを求めよ。ただし，直線 AT は円 O の点 A における接線とする。

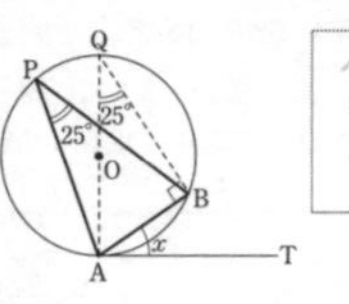

解　$x+∠QAB=∠QAT$ だから

$x+∠QAB=90°$　……①

円周角の定理より，∠AQB＝25° だから

△AQB で　$25°+∠QAB+90°=180°$

よって　∠QAB＝65°

①に代入して　$x+65°=90°$

よって　$\mathbf{x=25°}$

アドバイス

・∠AQB＋∠QAB＝90°

・AQ⊥AT

高校では　チャレンジ13の∠BAT を**接線 AT と弦 AB のなす角**といい，これについて学習する。

14 三平方の定理，面積・体積

例題A 右の図において，x の値を求めよ。ただし，AP は円 O の接線とする。

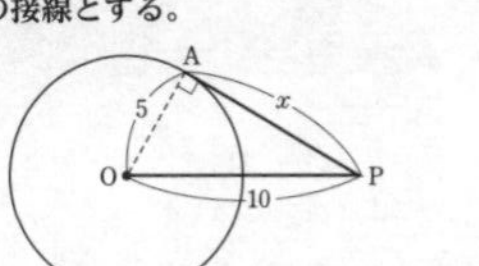

解 AP は円 O の接線であるので　OA⊥AP

直角三角形 OAP で，三平方の定理より

$10^2=5^2+x^2$　（$100=25+x^2$）

$x^2=100-25=75$

$x>0$ より　$x=\sqrt{75}=5\sqrt{3}$

問30 次の図で，x の値を求めよ。

(1)

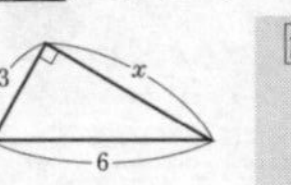

解 $3^2+x^2=6^2$

$x^2=36-9=27$

$x>0$ より

$x=\sqrt{27}=3\sqrt{3}$

(2)

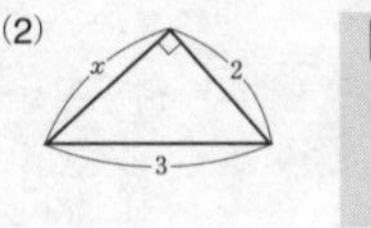

解 $2^2+x^2=3^2$

$x^2=9-4=5$

$x>0$ より

$x=\sqrt{5}$

(3)

解 $1^2+(\sqrt{3})^2=x^2$

$1+3=x^2$

$x^2=4$

$x>0$ より　$x=2$

(4)

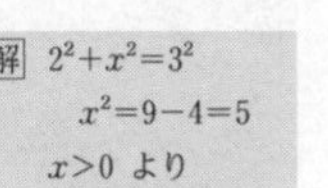

解 $3^2+x^2=(2\sqrt{3})^2$

$x^2=12-9=3$

$x>0$ より

$x=\sqrt{3}$

(5)　長方形 ABCD

解 $5^2+x^2=7^2$

$x^2=49-25=24$

$x>0$ より　$x=\sqrt{24}=2\sqrt{6}$

(6)　AB は円 O の弦

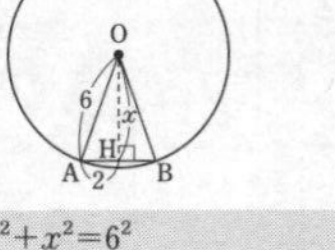

解 $2^2+x^2=6^2$

$x^2=36-4=32$

$x>0$ より　$x=\sqrt{32}=4\sqrt{2}$

(7)　AP は円 O の接線

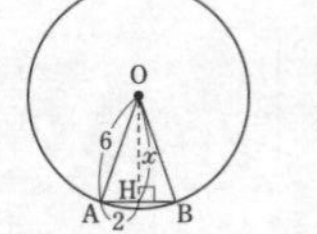

解 $x^2=3^2+(2\sqrt{10})^2$

$x^2=9+40$

$x^2=49$

$x>0$ より　$x=7$

(8)　台形 ABCD

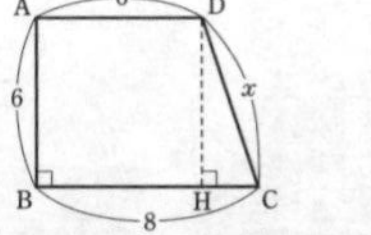

解 CH＝8－6＝2，DH＝6

よって　$x^2=2^2+6^2$

$x^2=4+36$

$x^2=40$

$x>0$ より　$x=\sqrt{40}=2\sqrt{10}$

例題B 右の円錐（すい）について，その体積と表面積を求めよ。

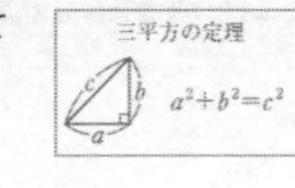

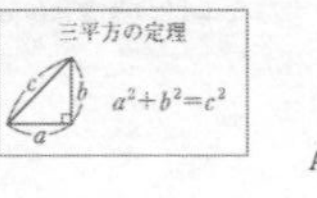

解 円錐の高さを h cm とすると，△OAH について

$h^2=10^2-6^2=64$

$h>0$ より

$h=\sqrt{64}=8$

したがって，円錐の体積は

$\frac{1}{3}\times\pi\times6^2\times8=96\pi$ (cm³)

また，右の円錐の展開図より，側面となる扇形の弧の長さは，底面の円周の長さに等しいので，

扇形の中心角の大きさを $a°$ とすると　$\frac{a°}{360°}=\frac{a}{360}$

$2\pi\times10\times\frac{a}{360}=2\pi\times6$　から

$a=36\times6=216$

円錐の表面積は，（側面の面積）＋（底面の面積）なので

$\pi\times10^2\times\frac{216}{360}+\pi\times6^2=60\pi+36\pi=96\pi$ (cm²)

答 体積 96π cm³，表面積 96π cm²

問31 右の円錐について，その体積と表面積を求めよ。

解 円錐の高さを h cm とすると

$h^2=9^2-3^2=81-9=72$

$h>0$ より

$h=\sqrt{72}=\sqrt{36\times2}=6\sqrt{2}$

よって，円錐の体積は

$\frac{1}{3}\times\pi\times3^2\times6\sqrt{2}=18\sqrt{2}\pi$ (cm³)

また，展開図の扇形の中心角の大きさを $a°$ とすると

$2\pi\times9\times\frac{a}{360}=2\pi\times3$　から

$a=40\times3=120$

よって，円錐の表面積は

$\pi\times9^2\times\frac{120}{360}+\pi\times3^2=27\pi+9\pi=36\pi$ (cm²)

答 体積 $18\sqrt{2}\pi$ cm³，表面積 36π cm²

チャレンジ14 右の図で，2 点 A(2, －1)，B(－4, 7) 間の距離を求めよ。

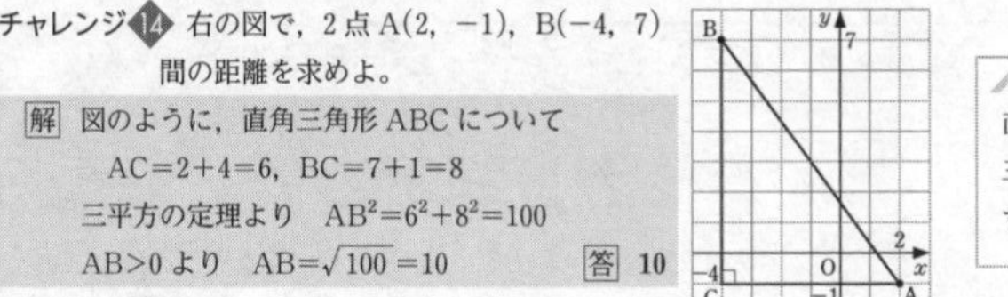

解 図のように，直角三角形 ABC について

AC＝2＋4＝6，BC＝7＋1＝8

三平方の定理より　$AB^2=6^2+8^2=100$

AB＞0 より　$AB=\sqrt{100}=10$

答 10

アドバイス

直角三角形を考え，三平方の定理を利用する。

高校では 座標平面上の 2 点を $A(a_1, a_2)$，$B(b_1, b_2)$とするとき，三平方の定理を用いて，2 点 A，B **間の距離**を，$AB=\sqrt{(b_1-a_1)^2+(b_2-a_2)^2}$ と表し，公式として利用することを学習する。

15 場合の数，確率

例題A 大小2つのさいころを投げる。目の数の差が2となる場合は全部で何通りあるか。さらに，その確率も求めよ。

解 右の表から，目の数の差が2となる場合は
(1, 3)，(3, 1)，(2, 4)，(4, 2)，(3, 5)，(5, 3)，(4, 6)，(6, 4)
の8通り。
大小2つのさいころを投げる場合は，全部で
$6\times6=36$ （通り）　右の表からも $6\times6=36$(通り)
したがって，目の数の差が2となる確率は
$\frac{8}{36}=\frac{2}{9}$　$\frac{目の差が2となる場合の数}{全部の場合の数}$

答 **8通り，確率 $\frac{2}{9}$**

目の組合せの表をつくる

目の差の表

小＼大	1	2	3	4	5	6
1	0	1	2	3	4	5
2	1	0	1	2	3	4
3	2	1	0	1	2	3
4	3	2	1	0	1	2
5	4	3	2	1	0	1
6	5	4	3	2	1	0

問32 大小2つのさいころを投げる。目の数が次のようになる場合は何通りあるか。さらに，その確率も求めよ。

目の和の表

小＼大	1	2	3	4	5	6
1	2	3	4	5	6	7
2	3	4	5	6	7	8
3	4	5	6	7	8	9
4	5	6	7	8	9	10
5	6	7	8	9	10	11
6	7	8	9	10	11	12

(1)　目の数の和が10

解 目の数の和が10となる場合は，全部で**3通り**。
大小2つのさいころを投げる場合は，全部で36通り。
よって，求める確率は　$\frac{3}{36}=\frac{1}{12}$

(2)　目の数の和が5の倍数

解 目の数の和が5か10となる場合は，和が5となる4通りと，(1)から
全部で　$4+3=$**7(通り)**　　よって，求める確率は　$\frac{7}{36}$

(3)　目の数の差が4以上となる場合

解 目の数の差が4か5となる場合は
例題Aの表より
$4+2=$**6(通り)**
よって，求める確率は
$\frac{6}{36}=\frac{1}{6}$

(4)　目の数の積が3の倍数となる場合

解 目の数の積が3の倍数となる場合は，大小2つのさいころのうち，少なくともどちらか一方が3か6であればよい。大小ともに12通りあるが，このうち，(大，小)=(3, 3)，(3, 6)，(6, 3)，(6, 6)の4通りが重複している。
よって，$12\times2-4=$**20(通り)**
したがって，求める確率は　$\frac{20}{36}=\frac{5}{9}$

問33 1，2，3，4の数字を1つずつかいた4枚のカードがある。これをよくきり，1列に並べて4桁の正の整数をつくる。

千の位　百の位　十の位　一の位

(1)　4桁の正の整数は全部で何個できるか。

解 $4\times3\times2\times1=24$　　答 **24個**

(2)　一の位が2である数は何個できるか。

解 残りの1，3，4で3桁の数は $3\times2\times1=6$(通り)できるので，6個。　　答 **6個**

(3)　偶数は何個できるか。

解 一の位が2か4である。(2)と同様に，一の位が4である数は6個なので　$6+6=12$　　答 **12個**

例題B A，B，C，D 4人の中からくじびきで2人の委員を選ぶ。委員の中にAが含まれる場合は何通りあるか。さらに，その確率を求めよ。

解 委員の中にAが含まれる選び方は，(A, B)，(A, C)，(A, D)
の3通り。
4人から2人を選ぶ選び方は，Aが含まれる3通りに加えて，
(B, C)，(B, D)，(C, D) の3通りがある。
これより，4人の中から2人の委員を選ぶ選び方は全部で
$3+3=6$ （通り）
したがって，求める確率は　$\frac{3}{6}=\frac{1}{2}$　　答 **3通り，確率 $\frac{1}{2}$**

問34 袋の中に，赤球，白球，青球，黒球がそれぞれ1個ずつ入っている。この袋の中から同時に球を2個取り出すとき，次の問いに答えよ。

(1)　取り出した球の中に，赤球が含まれる場合は何通りあるか。

解 (赤，白)，(赤，青)，(赤，黒)の3通り。　　答 **3通り**

(2)　(1)である確率を求めよ。

解 取り出し方は，(1)のほかに，(白，青)，(白，黒)，(青，黒)
の3通りがある。
よって，(1)である確率は　$\frac{3}{6}=\frac{1}{2}$　　答 $\frac{1}{2}$

(3)　取り出した球の中に赤球が1つも含まれない場合は何通りあるか。

解 (1)，(2)より，3通り。　　答 **3通り**

(4)　(3)である確率を求めよ。

解 $\frac{3}{6}=\frac{1}{2}$　　答 $\frac{1}{2}$

チャレンジ15 Aの袋には赤球1個と白球3個が，Bの袋には白球4個が入っている。はじめにAの袋から1個を取り出してBの袋に入れ，続けてBの袋から1個を取り出してAの袋に入れるとき，はじめと同じように赤球がAの袋に入っている確率を求めよ。

解 はじめにAの袋から取り出した1個が赤球である場合は，Bの袋から取り出す1個も赤球である場合のみAの袋に赤球が入っている(1通り)。
また，はじめにAの袋から取り出した1個が白球である場合は，Bの袋の中の白球5個のうちどれをとってもAの袋に赤球が入っている($3\times5=15$(通り))。
よって $1+15=16$(通り)はAの袋に赤球が入っている。
全部で $4\times5=20$(通り)であるので，求める確率は　$\frac{16}{20}=\frac{4}{5}$　　答 $\frac{4}{5}$

高校では　チャレンジ15で球の出し入れを**繰り返し**行った場合の**確率**を学習する。

16 代表値と四分位数

例題A 右の表は，生徒 40 人について，国語のテストの得点を度数分布表で示したものである。得点の平均値と最頻値を求め，中央値が入っている階級をいえ。

階級(点)	階級値(点)	度数(人)
以上 未満 0 ～ 20	10	3
20 ～ 40	30	7
40 ～ 60	50	11
60 ～ 80	70	12
80 ～ 100	90	7
計		40

解 右の表から，テストの平均値は

$(10\times3+30\times7+50\times11+70\times12+90\times7)\div40$

$=56.5$(点)

最頻値は，度数が最も多い 12 人の階級値 70(点)

中央値は，小さい方から20 番目と 21 番目の得点が入っている階級で，「40 点以上 60 点未満」である。

答 **平均値 56.5 点，最頻値 70 点，40 点以上 60 点未満の階級に中央値が入っている。**

問 35 右の表は，生徒 41 人について，数学のテストの得点を度数分布表で示したものである。

階級(点)	階級値(点)	度数(人)
以上 未満 0 ～ 10	5	1
10 ～ 20	15	2
20 ～ 30	25	3
30 ～ 40	35	2
40 ～ 50	45	2
50 ～ 60	55	4
60 ～ 70	65	9
70 ～ 80	75	11
80 ～ 90	85	4
90 ～ 100	95	3
計		41

(1) 得点の平均値を求めよ。(小数第 1 位まで)

解 $(5\times1+15\times2+25\times3+35\times2+45\times2+55\times4$
$+65\times9+75\times11+85\times4+95\times3)\div41=61.58\cdots$

平均値は 61.6(点)

(2) 得点の中央値が入っている階級を求めよ。

解 41 人の中央は小さい方から 21 番目なので，21 番目が入っている階級は

60 点以上 70 点未満の階級

(3) 得点の最頻値を求めよ。

解 度数が最も大きい階級値は 75 なので，**最頻値は 75(点)**

問 36 右の表は，大相撲のある場所における力士 30 人について，体重を度数分布表で示したものである。

階級(kg)	階級値(kg)	度数(人)
以上 未満 100 ～ 110	105	2
110 ～ 120	115	4
120 ～ 130	125	5
130 ～ 140	135	8
140 ～ 150	145	3
150 ～ 160	155	4
160 ～ 170	165	2
170 ～ 180	175	1
180 ～ 190	185	1
190 ～ 200	195	0
計		30

(1) 体重の平均値を求めよ。(小数第 1 位まで)

解 $(105\times2+115\times4+125\times5+135\times8$
$+145\times3+155\times4+165\times2+175\times1+185\times1)\div30$
$=137.33\cdots$ **平均値は 137.3 kg**

(2) 体重の中央値が入っている階級を求めよ。

解 30 人の中央は小さい方から 15 番目と 16 番目の間なので，15 番目と 16 番目が入っている階級は

130 kg 以上 140 kg 未満の階級

(3) 体重の最頻値を求めよ。

解 度数が最も大きい階級値は 135 なので，
最頻値は 135 kg

例題B 右の表は，ある学校の 8 クラスについて，数学のテストの平均点を示したものである。
最小値，最大値，第 1 四分位数 Q_1，中央値（第 2 四分位数）Q_2，第 3 四分位数 Q_3 を求め，箱ひげ図をかけ。

クラス	A	B	C	D	E	F	G	H
平均点	61	65	72	63	75	55	71	82

解 データを小さい順に並べると，55，61，63，65，71，72，75，82 だから
最小値 55 点，最大値 82 点
並べたデータの小さい方から 4 番目と 5 番目の値の平均値が中央値 Q_2 だから

$$Q_2=\frac{65+71}{2}=\frac{136}{2}=68\text{(点)}$$

並べたデータの前半 4 個のデータ「55，61，63，65」の中央値が Q_1 だから，
61 と 63 の平均値を求めて　$Q_1=\frac{61+63}{2}=\frac{124}{2}=62$(点)
並べたデータの後半 4 個のデータ「71，72，75，82」の中央値が Q_3 だから，
72 と 75 の平均値を求めて　$Q_3=\frac{72+75}{2}=\frac{147}{2}=73.5$(点)
よって，最小値 55，$Q_1=62$，$Q_2=68$，$Q_3=73.5$，最大値 82 だから，これを図にとって

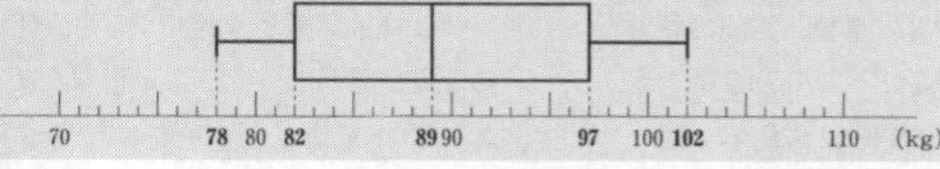

問 37 次の表は，ある野球チームの 10 人について，体重を示したものである。最小値，最大値，第 1 四分位数，中央値（第 2 四分位数），第 3 四分位数を求め，箱ひげ図をかけ。

選手	A	B	C	D	E	F	G	H	I	J
体重(kg)	90	82	86	97	82	88	102	92	99	78

解 データを小さい順に並べると，78，82，82，86，88，90，92，97，99，102 だから
最小値 78 kg　最大値 102 kg
小さい方から 5 番目と 6 番目の値の平均値が中央値 Q_2 だから　$Q_2=\frac{88+90}{2}=89$ (kg)
前半 5 個のデータ「78，82，82，86，88」の中央値が Q_1 だから　$Q_1=82$ (kg)
後半 5 個のデータ「90，92，97，99，102」の中央値が Q_3 だから　$Q_3=97$ (kg)

70　78 80 82　89 90　97 100 102　110 (kg)

チャレンジ⑯ 右のデータについて，次のものを求めよ。

6，8，7，9，7，7，5，8，6，7

(1) 平均値

解 $(6+8+7+9+7+7+5+8+6+7)\div10=7$

(2) それぞれのデータの値と平均値との差（この値を偏差という）

解 各データから 7 を引いて　-1，1，0，2，0，0，-2，1，-1，0

(3) (2)の値の 2 乗の値を求め，その平均値（この値を分散という）

解 (2)で求めた値を 2 乗すると　1，1，0，4，0，0，4，1，1，0
平均は　$(1+1+0+4+0+0+4+1+1+0)\div10=1.2$

高校では　チャレンジ⑯で求めた**分散**に加えて，さらに**標準偏差**を学習し，データの傾向を分析する。

17 標本調査

例題A **毎日10万個の商品を包装する工場で包装された品物から，200個を無作為に抽出したところ，そのうち7個が不良品であった。この工場で1日に包装される品物のうち，不良品の総数はおよそ何個と推定されるか。**

解 無作為に抽出した200個のうち7個が不良品であったので，この工場で1日に包装される品物のうち不良品の比率は

$\frac{7}{200}$

したがって，1日の不良品のおよその総数は

$100000\times\frac{7}{200}=3500$(個)

答 1日の不良品は**3500個**と推定できる。

問38 次の工場で大量に製造されている品物の標本調査を行った。次の問いに答えよ。

(1) 100個を無作為に抽出して，4個が不良品であったとき，7000個の品物を製造したときに発生する不良品の総数はおよそ何個と推定されるか。

解 不良品が発生する比率は

$\frac{4}{100}=\frac{1}{25}$

これより，7000個の品物を製造したときに発生する不良品のおよその総数は

$7000\times\frac{1}{25}=$**280（個）**

と推定できる。

(2) 400個を無作為に抽出して，5個が不良品であったとき，1万個の品物を製造したときに発生する不良品の総数はおよそ何個と推定されるか。

解 不良品が発生する比率は

$\frac{5}{400}=\frac{1}{80}$

これより，1万個の品物を製造したときに発生する不良品のおよその総数は

$10000\times\frac{1}{80}=$**125（個）**

と推定できる。

問39 あるメーカーで大量に製造されている品物の標本調査を行った。次の問いに答えよ。

(1) 製造している工場において，品物400個を無作為に抽出して，2個が不良品であったとき，10万個の品物を製造したときに発生する不良品の総数はおよそ何個と推定されるか。

解 不良品が発生する比率は

$\frac{2}{400}=\frac{1}{200}$

これより，求める不良品の総数は

$100000\times\frac{1}{200}=$**500（個）**

と推定できる。

(2) (1)の工場で製造した不良品でない品物で，輸送して消費者の手元に届けられた500個を無作為に抽出すると，1個が不良品であった。このとき，工場が10万個の品物を製造し，そのうち不良品でない品物を輸送して消費者に届けたとすると，消費者の手元に届けられてしまう不良品の総数はおよそ何個か。

解 輸送によって発生する不良品の比率は

$\frac{1}{500}$

これより，求める不良品の総数は，工場から輸送する品物の総数が

$100000-500=99500$（個）なので

$99500\times\frac{1}{500}=$**199（個）**

と推定できる。

例題B **ある魚の棲む湖で，網ですくうと20匹とれ，この20匹に印をつけて湖にもどした。1か月後，また同じ網で魚をすくうと24匹とれ，そのうち印のついた魚が3匹含まれていた。この湖に棲む魚の総数は，およそ何匹と推定されるか。**

解 この湖に棲む魚の総数をx(匹)とすると

$x:20=24:3$

$3\times x=24\times 20$

$x=160$

答 **およそ160匹**と推定できる。

問40 白球がたくさん入っている箱A，Bがある。この箱の中の白球のおよその個数を調べるために，次のような標本調査を行った。箱の中の白球の個数を推定せよ。

(1) 同じ大きさの赤球200個を箱Aに入れてよくかき混ぜた後，そこから100個の球を無作為に抽出すると，赤球が8個含まれていた。

解 はじめに箱Aの中に入っていた白球の個数をxとすると，箱の中と抽出した標本で，白球と赤球の個数の比は等しいと考えられるので

$x:200=(100-8):8$

$x=2300$

よって，箱の中の白球の個数は，**およそ2300個**と推定できる。

(2) 同じ大きさの黄球500個を箱Bに入れてよくかき混ぜた後，そこから100個の球を無作為に抽出すると，黄球が4個含まれていた。

解 はじめに箱Bの中に入っていた白球の個数をxとすると，箱の中と抽出した標本で，白球と黄球の個数の比は等しいと考えられるので

$x:500=(100-4):4$

$x=12000$

よって，箱の中の白球の個数は，**およそ12000個**と推定できる。

チャレンジ17 右の表は，A店とB店で販売しているMサイズのりんご5個の重さを表したものである。A店とB店のりんごの重さの平均値を求めよ。さらに，A店，B店のりんごの重さの範囲を調べると，その散らばり具合はどうなっているか。

A店	134	128	132	146	135
B店	138	134	133	137	133

(g)

アドバイス
範囲＝最大値－最小値

解 A店のりんごの重さの平均値は

$(134+128+132+146+135)\div 5=$**135（g）**

B店のりんごの重さの平均値は

$(138+134+133+137+133)\div 5=$**135（g）**

A店の分布の範囲は　$146-128=18$（g）

B店の分布の範囲は　$138-133=5$（g）

よって，りんごの重さの散らばり具合は，**A店よりB店の方が小さい。**

高校では 母集団と標本について，いろいろな分析をする。